《名师工程》

系列丛书

名师工程

大师讲坛系列

新课程·新理念·新教学

丛书编委会主任：马立 宋乃庆

大师讲坛系列

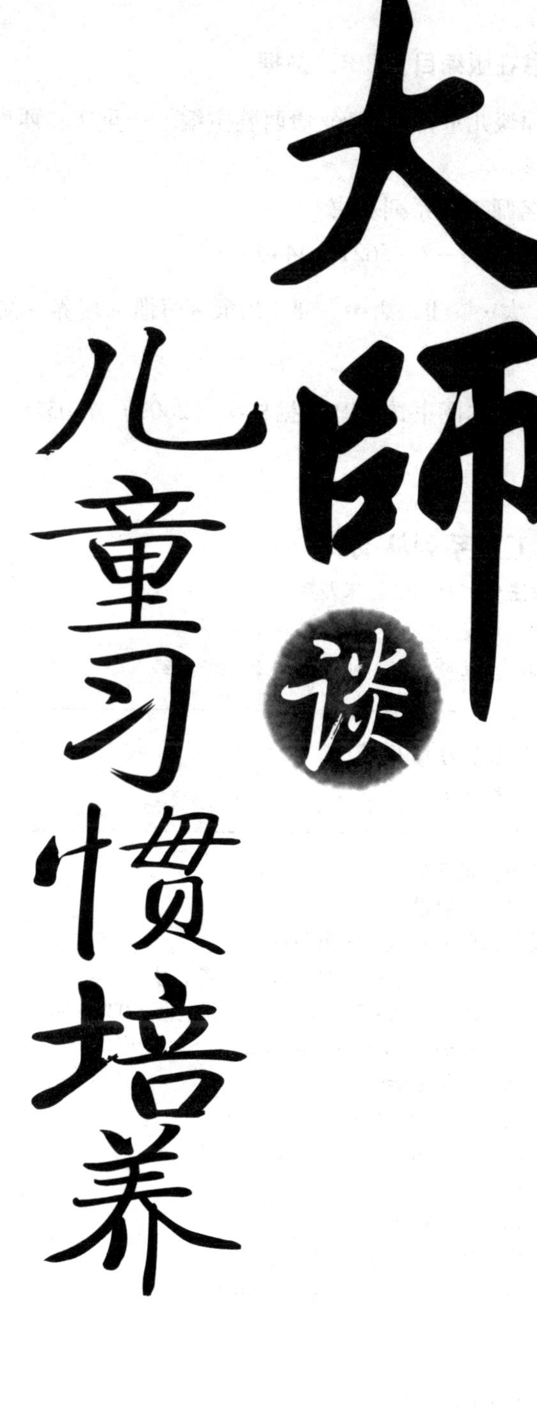

大師谈儿童习惯培养

唐西胜◎主编

西南師範大學出版社
SOUTHWEST CHINA NORMAL UNIVERSITY PRESS

图书在版编目（CIP）数据

大师谈儿童习惯培养/唐西胜主编. —重庆：西南师范大学出版社，2009.4

（名师工程系列丛书）

ISBN 978-7-5621-4440-3

Ⅰ. 大…　Ⅱ. 唐…　Ⅲ. 儿童-习惯-培养-文集

Ⅳ. B844.1-53

中国版本图书馆 CIP 数据核字（2009）第 052820 号

名师工程系列丛书

编委会主任： 马　立　宋乃庆

总策划： 周安平

策　划： 李远毅　卢　旭　郑持军　郭德军

大师谈儿童习惯培养

主编　唐西胜

责任编辑： 张浩宇

封面设计： 大象设计

出版发行： 西南师范大学出版社

地址：重庆市北碚区天生路 1 号

邮编：400715　市场营销部电话：023-68868624

http：//www.xscbs.com

经　　销： 新华书店

印　　刷： 三河市明华印务有限公司

开　　本： 787mm×1092mm　1/16

印　　张： 18

字　　数： 265 千字

版　　次： 2009 年 5 月　第 1 版

印　　次： 2022 年 4 月　第 5 次印刷

书　　号： ISBN 978-7-5621-4440-3

定　　价： 68.00 元

编者的话

当前，以人为本的教育理念正在逐步深化，素质教育以及基础教育课程改革不断推进。在这场深刻又艰苦的教育改革中，涌现了无数甘为人梯、乐于奉献的优秀教师。他们积极探索、更新观念、敢于创新、善于改革，在实践中创造性地发展、总结了很多先进的教育思想、教育理念；创造性地开发了很多新的教学模式、教学内容和教学方法。这些新思想、新模式、新方法在实践中极大地提高了教学质量，是教育改革实践中的新内涵和宝贵财富。这些优秀教师就是我们的名师，这些新内涵就是名师的核心教育力。整理、总结、发展、推广这些教育新内涵，是深化教育改革、完善教育体制、提高教育质量、提升教师水平的一件大事。

教育，是民族振兴的基石；教师，是教育发展的根基。

胡锦涛总书记在全国优秀教师代表座谈会上指出："教师是人类文明的传承者。推动教育事业又好又快发展，培养高素质人才，教师是关键。没有高水平的教师队伍，就没有高质量的教育。"十七大报告又进一步强调了必须加强教师队伍建设，不断提高教师的素质。当今世界，社会进步一日千里，科技发展日新月异，知识更新的周期越来越短。教师作为"文明的传承者"更要与时俱进、刻苦钻研、奋发进取，尽快提升自身素质和能力，为推动教育事业的健康发展贡献自己的力量。

基于以上，西南师范大学出版社策划、组织出版了大型系列教育丛书——《名师工程》。希望通过总结名师的创新经验、先进理念，宣传名师的核心教育力，为广大教师职业生涯提供精神源泉和实践动力，在教育实践层面切实推动从教者职业素养的提升。通过《名师工程》，实现"打造名师的工程"。

丛书在策划、创作过程中力求实现以下特色：

一、理念创新，体现教育的人本精神

教师角色在以人为本的教育理念下发生了重大的变化，教师的素质和能力也面临更高的要求。如何弘扬、培植学生的主体性、增强学生的主体意识、发展学生的主体能力、塑造学生的主体人格等问题成为教师在目前教育中亟待解决的难题。丛书以教育管理者和教师为主要读者对象，通过教师综合素质的提高而将人本教育的思想落实到教育实践中，真正实现教育培养人、塑造人、发展人的本质要求。

二、全面构建，系统提升教师的教育能力

丛书选题的最大特点就是系统、全面地针对教师教育能力的提升而展开。施教者的能力决定教育的效果，教育改革的落实、教育效果的提高无不体现在教师身上。丛书针对不同教育能力、不同教学要求、不同教育对象，有针对性地设置选题。棘手学生、课堂切入、引导艺术、班主任的教导力、互动艺术、课堂效率、心灵教育等等，这些鲜明的主题从教育的细节出发，从教育实际情况出发，有针对性地解决问题，让教师在阅读中学有所指、读有所获。

三、科学权威，体现教育的时代前沿性

丛书邀请全国各地著名的教育工作者执笔，汇集在教育改革与实践中涌现的先进理念、成果和方法，经过专家认真遴选、评点总结而成，代表了目前教育实践中先进的教育生产力，具有时代前沿性，是广大一线教师学习、借鉴的好素材。

四、注重实践，突出施教的实用价值

丛书采用了通俗的创作方法，把死板的道理鲜活化，把教条的写法改变为以案例为主，分析、评点为辅，把最先进的教育理念和方法融入有趣的情境中。经典的案例，情境式的叙述，流畅的语言，充满感情的评述，发人深省的剖析，娓娓道来、深入浅出，让教师更充分地领会先进、有效的教育方法。

在诸多教育、出版界同仁的支持与努力下，《名师工程》陆续推出了《名师讲述系列》《教学提升系列》《教学新突破系列》《高中新课程系列》《教师成长系列》《大师讲坛系列》等系列，四十余品种，后续图书也将陆续出版。

丛书在出版创作过程中得到各地、各级教育部门与教育工作者的大力支持与帮助，在此一并表示感谢！

教育事业是全社会共同的事业，本丛书的出版一方面希望能对广大教育工作者有所帮助，共飨先进成果；另一方面也是抛砖引玉，希望更多的教育工作者参与到出版创作中来，百家争鸣、百花齐放，为促进教育事业的发展共同努力！

亲近大师，亲近真理

肖　川

我去过很多地方的中小学，发现绝大多数教师的办公桌上放的都是教参教辅类的书；我也去过很多地方的书店，发现绝大多数书架上摆的都是实用和畅销类的书。这反映了在今天这样一个由效率和技术主宰的时代，阅读者和出版者都变得十分“精明”，他们非常注重看得见的“实惠”，摸得着的“用处”和立竿见影的“效果”。

确实，有不少书能让读者马上“按图索骥”“依葫芦画瓢”，获得想要的“东西”。如教学指南类的书能让教师完成一篇教案，考试参考类的书能让学生通过一场考试，健康手册类的书能让家长学会一些烹饪技法等。然而，还有一些书，它们的作用是间接的、潜在的，它们看似对读者没有什么实用价值，却能在无形中给人启迪、发人深省、怡人性情。

古今中外大师们的经典著作就属于那些看起来没有什么“实用价值”的书。阅读它们，不会让我们立即掌握一项技术、学会一门语言、通过一次测试、获得一种资格认证。但是，它们能慢慢地丰富我们的心灵、提升我们的气质、滋养我们的生命。如果说实用的书是“速效感冒药”，能顷刻解决问题，那么，大师著作就是“名贵中草药”，在不知不觉中强健我们的体魄；如果说实用的书是“地图”，能让我们找到抵达某个地方的路径，那么，大师著作就是“山水画”，能让我们看到云蒸霞蔚的风景，产生魅力无穷的遐想，让我们的心灵丰富和丰满起来。

是的，走进大师的著作，就如同驶入一片大海，我们会感受它的博大与雄浑；走进大师的著作，就如同走进一片大森林，越往里走，我们越能领略到其中的丰富、深邃和神奇。对于我们每个人来说，阅读大师、亲近大师是提升自我、获得成长的良好方式，对于教师来说，尤其如此。因为教育的道理，其实都是些大道理、朴素的道理、显而易见的道理，譬如说要启发诱导、要因材施教、要长善救失、要循序渐进等，这些道理早就存在于各行各业的大师经典著作中，它们经过了岁月的淘洗和一代又一代人社会历史实践的检验，颠扑不破，历久弥新，如同一棵棵扎根深土的老柳树，只要有读者的春风，就会吐出新芽，绿意盎然。教师们所要做的，就是亲近这些古老的道理，而不是追求时髦；就是坚守这些古老的道理，而不是买椟还珠；就是将这些古老的道理转化为自己的信念、智慧和实际行动，而不是将它们尘封于书本和阁楼。只有这样，我们所有的教育教学创新才会有扎实的底蕴和根基。

这套“大师讲坛”丛书，按照教育类别从浩瀚的大师创作中遴选出经典的教育篇章，将大师们的教育思想和智慧系统、集中、分类地呈现给广大读者，为读者亲近大师提供了一条比较便捷的途径。依我看来，这套书有三个突出的特点：一是主题鲜明，丛书共有10个主题，如《大师谈启蒙教育》《大师谈教育沟通》《大师谈教育激励》《大师谈儿童习惯培养》等，这些主题不论是过去还是现在甚或是将来，都是大家最为关心的教育话题，也是教育中最为重要的话题；二是内容经典，丛书所选取的文章是在以人为本的教育前提下，从众多的大师著作中选出的经典教育美文，都有一定的高度，融故事性和哲理性于一体；三是大师众多，丛书所选大师以教育家为主，囊括了古今中外的思想家、哲学家、文学家、历史学家、政治家和科学家等，既有先辈，也有就在我们身边的智者。

丛书的选文时空跨度大，观点和主张精彩纷呈，在遴选过程中未受某种体系限制，在一个主题下尽量让多种观点并存，以期给读者多元的思考及吸收之用。

阅读这套丛书，读者会沐浴在教育智慧的光芒之中，享受心智的快乐，从而多一份教育的眼光，多一份教育的思维，多一份教育的感悟和启迪。当然，这些收获不是囫囵吞枣就能获得，也不是一朝一夕就能形成，它需要反复的咀嚼、不断地玩味，需要“虚心涵泳、切己体察”的功夫，做到“学、问、思、辨、行”的有机结合，才能从微言中晓其大义，才能从平凡处见其神奇，才能真正体会教育的真谛，发现教育的乐趣。

是为序！

目　录

第一篇　告诫篇

第二篇　学习篇

第三篇　生活篇

第四篇　教育篇

第一篇

告诫篇

习惯是指比较稳定的、在一定程度上自动化了的行为方式。俄国教育家乌申斯基说："良好的习惯乃是人在其神经系统中存放的道德资本，这个资本在不断地增值，而人在其整个一生中就享受着它的利息。"因此，儿童的习惯培养是教育工作的第一要务。

习惯造就一个孩子，也能毁掉一个孩子。习惯具有巨大的惯性，教育者要趁早培养孩子养成各种良好的行为习惯，帮助孩子剔除坏的习惯，教导他们获得人生进步的津渡宝筏。教育者要多做、早做塑造工作，少做改造工作。

在这一篇中，卡尔·威特、查斯特·菲尔德、拿破仑·希尔、叶圣陶等大师对于养成教育均有深入的剖析。

当儿子有了不良习惯时[1]

〔德〕卡尔·威特

孩子在成长的过程中，可能会出现各种各样的坏习惯，有的是任性、自大，有的时刻都不忘记表现自己，有的爱捉弄人，有的甚至以自己的行为危害他人、损坏财物。面对这许多问题，父母应该采取不同的办法去加以解决，以达到最好的效果。

很多父母认为，为了防止孩子养成不良习惯就要对孩子了如指掌。其实这种想法也不完全正确。孩子都有自己的秘密，大孩子有，小孩子也有。许多父母都不去注意这一点，要么认为小孩子没有什么秘密，要么就是千方百计地挖掘孩子的秘密。这种想法和做法都是不正确的。孩子自有孩子的秘密，只是在大人看来算不上秘密而已。孩子是非常幼稚的，他们心目中那种秘而不宣的东西就是秘密。父母不应该时刻窥探，不要对此过多地追问，更不要干涉，特别是对健康合理的、无害的秘密。这样，哪怕是两三岁的孩子也会更加信任父母，与父母更加亲密。有了这种信任和亲密，孩子可能会把他们的秘密告诉父母。如果父母一味追问，孩子得不到父母应有的尊重、信任，孩子会感到他没有地位，就会心灰意冷，逐渐失去积极性，甚至会很小就关闭自己的心灵大门。当然尊重孩子的秘密，并不等于对此不管不问，而是要求父母时时刻刻关注孩子的内心世界，健康地加以引导，不健康的则应在充分尊重和理

① 选自《卡尔·威特的教育》，〔德〕卡尔·威特著，翟文明、郝荣丽编译，光明日报出版社，2005年12月第1版。

解孩子的前提下，去关心和引导他。

除了儿子之外，我也接触过不少和他年龄相仿的孩子。我发现几乎任何一种不良行为，孩子都会凭着自己的理解去获得某种自以为是的“奖励”。我认为，父母的责任就是要去发现和取消这种“奖励”。我的一位朋友有两个孩子，他的儿子是一个非常调皮的孩子，处处都让人感觉到他的与众不同，经常干些令人心烦的事，经常欺负妹妹和别的小伙伴。

有一天，我的这位朋友找到我，想让我给他提供一些管教孩子的办法。

他对我说：“我的儿子真令人讨厌，他不仅喜欢嘲弄别人，连吃面包也与其他孩子不同。他明明知道我讨厌他的某些行为，可他偏偏那么做，好像是专门在气我。”

听了他说的话，我感到很奇怪。这孩子连吃面包都会惹父亲生气，恐怕也有些太与众不同了吧。于是，我要求去看看这个孩子。

那天我和朋友一家共进午餐。在饭桌上，我特意仔细观察这个调皮的孩子。

我发现，这个孩子在吃面包的时候，把面包皮细心地剥下来，然后用手把它捏成一个球形吃掉，而把剩下的部分丢在盘子里。与此同时还得意扬扬地对他母亲说：“妈妈，我把面包皮剥下来了！”

于是，他的母亲开始训斥他：“你怎么总是这样，居然还当着客人的面。”这时，他的父亲似乎也要发怒了。

我给朋友使了一个眼色，示意他不要发怒。饭后我给他讲了一个“对付”孩子的办法。

第二次，这个孩子故技重施，像往常那样把面包皮剥下来后，也对母亲说：“妈妈，我把面包皮剥下来了。”可是她的母亲只说了一声：“我知道。”

孩子说：“你不说我吗？”

“不说。”

没过多久，我的那位朋友又找到了我，说孩子现在已经没有剥面包皮的习惯，也和其他人用一样的方法吃面包了。他觉得很奇怪，问我是什么原因。

其实道理很简单，孩子的那种做法就是为了引起别人的注意，即使被父母责骂，他也会觉得受了重视。在他眼里，父母的责骂就是一种奖励，而他的做法就是为了这种奖赏。后来，父母对他的这一举动不闻不问，毫不关心，他自己也渐渐觉得没趣了，所以在不知不觉中改掉了坏习惯。

还有一个小男孩，染上了说粗话的习惯。因为他的一个小伙伴爱说“屁股”两个字，他学会了带回家里。由于这两个字不是什么风雅的词，他的母亲觉得很讨厌，很快就加以制止。可是相反，孩子不但没有停止说这两个字，还一连几个星期编造出不少关于“屁股”的话，说什么“天上有个屁股”“屁股点心”“甜屁股”等。他的母亲气得不行，最后干脆懒得理他。后来孩子发现这样说已经不能引起父母的注意，也就慢慢地不说了。

这是因为孩子起初说的粗话得到了旁人的奖赏而反复地说，后来没有了鼓励就不说了，曾经使他颇感兴趣的粗话也就渐渐地被遗忘掉。

对于孩子来说，能够得到父母有效的管教是非常有利于他们健康成长的。有些父母对孩子的管教仅仅停留在管住孩子上，让孩子循规蹈矩，没有活力，没有创造性。这种办法根本不能让孩子健康地发展。在我看来，这种管法还不如不管。也有些父母因为顾及孩子的自尊心而不去教育孩子，这也是错误的做法。

卡尔也会做错事。每当面对这种情况时，我不会像其他父母那样总是使用“不准这样”“不要这样”“不行”这些消极的、否定的词语，因为这些语言容易使孩子觉得自己一无是处，会增加他的消极情绪。我总是用积极的、肯定性的语言，给儿子以明确的行为指导，增加他的积极情绪。以我的经验，这样做往往会收到较好的效果。或许儿子在我这里听得最多的话就是“这样做”“努力去做”这些积极的、带有鼓励性的语言吧。

在对卡尔的教育和管束上，我竭力做到既有效制止他的不良行为，又尽量减小或不产生负面影响。我认为这是管理孩子要遵循的最基本的原则。

卡尔小的时候喜欢在墙上乱画，虽然我给他买了学习绘画的用具，但他仍然克制不住自己的这一癖好，总是趁我不注意时偷偷地用笔在墙上涂抹。

有一次，正当他在墙上画得高兴的时候，被我抓了个正着。

“卡尔，你在做什么?”我立刻制止了他。

卡尔迅速地转过身，把笔藏在了身后，并用身体挡住了刚刚涂抹的东西。

我当时并没有给他讲道理，也没有训斥他，只是制止他再那样干下去，并让他独自一人到他自己的房间里待一会儿。

过了一阵，我把他叫出来，并询问他为什么要在墙上画。

他说：“爸爸，我知道错了。因为我刚才在房间中想了很久，我想我的行为破坏了墙壁的清洁。其实我有画画的纸张，我应该在纸上画画而不是在墙上画。您曾经给我讲过不能随便弄脏东西的道理，所以我犯错误是不应该的，请您惩罚我吧。”

我并没有惩罚卡尔，叫他去房间一个人待一会儿的目的就是让他自己想清楚这个道理。因为孩子有时在做某件事时，纯粹是一时兴起，他可能也懂得这些道理，只是一时管不住自己。如果我当场就去训斥他，或把那些讲过多次的道理再给他讲一次，一定不会有这样好的效果。孩子自己从内心里真正认识到了错误，这样的印象就会留得很深，也就会减少他再犯错误。

我这样做，只是为了让他无聊而乏味地单独待一会儿，这不算是一种惩罚的方法。他一个人待着的时候，做什么事都没有关系，只是让他把刚才在墙上画的那股劲冷下来。如果他能在房间里对自己的行为有所反思，那就再好不过了。

我认为，这种方法可以适用于很多情况。比如，当两个孩子发生争执或打架时，一般来说都会互相告状，争论不休。父母只要让他们停下来，把他们分开让他们各自单独待一会儿，可能什么问题都能得到轻松的解决。因为孩子之间不可能有什么深仇大恨，只是在一时气头上发生争执罢了。如果父母不是这样将他们分开而是去给他们讲道理，那么会更加深他们之间的矛盾，带来更多的麻烦。

当孩子情绪不好时，不要过多地招惹他，在他遇到困难时不要用过激的话刺激他，要等他平静下来之后再去慢慢开导。

我在教育儿子的过程中逐渐积累了一些经验：当孩子为某事就要发

火时，应该转移他的注意力，使他暂时忘记不高兴的事，慢慢地平静下来。父母一定要冷静，不要火上浇油，更不要用简单粗暴的行为去制止。孩子静下来之后，父母要加倍体贴，好言安抚，等他冷静下来后再说。

当孩子正在气头上时，不要直接与他讲理，因为这时他是什么都听不进去的。这时，父母更不能向孩子发脾气。发脾气就像传染病，用发脾气的方法制止发脾气是不明智的举动，这只能使脾气越发越大。

如果孩子在大庭广众下发脾气，父母一定不能顺从他。很多父母由于害怕孩子当众发脾气而常常顺着孩子，这种做法是极为有害的。因为孩子虽小，也自有狡猾的一面，常常利用父母的弱点发起进攻。父母一定要想办法不要让孩子知道这一点。如果孩子当着他人提出什么要求，父母最好给予帮助，合理的要求就满足他。如果硬要等到他发脾气再去帮助他，后果就不好了。对孩子的要求要有选择地满足，不合理的要求可间接地答复，如告诉他回家再说，或对他表示等客人走了再说，等等。

习惯的道德意义和教育意义[1]

〔俄〕乌申斯基

对习惯的力量和意义问题的各种不同看法（1～2）。我们的看法（3～7）。熟巧在学习中的作用（8）。

1. 在阐明了习惯的本质之后，我们现在来谈谈它的道德意义和教育意义。亚里士多德把智谋、明达、合理的看法、科学和艺术、美德和恶习称为习惯，而如果正像利德所指出的那样，[2] 他这样做是想表明：所有这些现象都可以用重复来加强和巩固，如果是这样，那么，他的想法就是完全正确的了。培根问道：“当看到了人们怎样在作过了无数次的允诺、保证、形式上的誓约和大言壮语之后，又怎样地在做和重做他们以往做过的那些事情，就好像他们是一些上紧了习惯发条的自动机或机器一样，那么，又有谁还会去怀疑习惯的力量呢？”[3] 马基耶维里认为，在做事情这个问题上，既不可信赖人的天性，也不可信赖他的非常冠冕堂皇的允诺，如果这两者都尚未巩固起来，就是说都尚未受到习惯的尊崇的话。我们在前面已经说过，莱布尼兹把人想的、说的和做的一切事情的 3/4 都归结为习惯。如果说培根认为，“人们的思想取决于他们的倾向和兴趣，而他们的言辞则是以教育、教他们的教师以及他们所接受的意见为转移的，但是只有习惯才决定着他们的行动”，那么，他

① 选自《人是教育的对象》，〔俄〕乌申斯基著，郑文樾译，人民教育出版社，2007 年 8 月。

② 《利德全集》第 2 卷，第 550 页。

③ 《培根文集》第 2 卷，第 342 页。

这种只用实际生活来限制习惯的范围的做法是因为没有注意到“倾向”、“兴趣”、“学习”和“意见”这些词的意义，否则，毫无疑问，他就会看到：在他用来同习惯相对照的一切现象中，还是那些习惯和熟巧在起着作用，如果不是只有它们在起作用，它们的作用也是十分有力的。

2. 但是，如果说所有的人都或多或少地同意，习惯在人的生活中起着重大作用，那么，在谈到它的道德和教育意义时，人们的意见就大相径庭了。英国的教育把向儿童传授良好习惯这件事放在首位，[①] 德国的教育则远不认为习惯有如此重大的意义；而卢梭呢，他直截了当地说：“他将给予他的爱弥儿的唯一习惯就是不要有任何习惯。”[②] 康德也蔑视习惯，而他所赞许的唯一的习惯也是对上了年纪的人而言的，那就是要按时吃饭。[③] 但是在这些极端的说法中我们不难看出说话人对体系的迷恋。对教育家来说，比较明智的做法是不要用物理学家和分类学者的眼光来看习惯的意义问题，而是要像那些能激励人类生活的专家中的最伟大的一位专家那样来看待习惯的意义，这个人便是大思想家莎士比亚，他有时把习惯叫做吞噬人的一切感情的怪物，有时又把它叫做保护人的天使。[④]

3. 的确，在观察人们的形形色色的性格时我们可以看到，良好的习惯是人在其神经系统中所存放的“道德资本”，这个资本会不断地增长，一个人毕生就可以享用它的“利息”。习惯“资本”由于使用而不断地增长，它像经济世界中的物质资本一样，使人有可能更有成效地使用自己最宝贵的力量——有意识的意志力量，把自己生活中的道德大厦越造越高，不必每一次都从打地基开始来造房子，也不把自己的意识和意志消耗于同困难的斗争之中，因为这些困难已经一下子就被克服了。我们拿一个最简单的习惯来做例子：有条不紊地安放自己的东西和安排自己时间的习惯。这种习惯变成了无意识地可履行的需要后，将给人保

---

① 在习惯的力量中含有教育的力量。J. 居利：《公共教育原理，教育》，爱丁堡，1862 年，第 16 页。教学是传授原则，而教育则是传授习惯。D. 斯托：《训练制度》，伦敦，1859 年第 2 版，从洛克以来，似乎没有一本关于教育的英国书籍是不重复这种论调的。

② 卢梭：《爱弥儿》，第 39 页。

③ 《人类学》，第 53 节。

④ 莎士比亚：《哈姆雷特》，第三幕第四场。

存多少精力和时间啊！有了这种习惯，人就不会被迫每分钟都去促使自己要意识到遵守秩序的必要性和促使自己要立志建立这种秩序，他就能自由地支配心灵的这两种力量，利用它们去做一些新的和更重要的事情了。①

4. 但是如果良好的习惯是一种资本，那么，坏习惯在同样的程度上就是一笔道德上未偿清的债务了，这种债务能以不断增长的利息折磨人，使他最好的创举失败，并把他引到道德破产的地步。曾有多少卓越的创举，多少杰出的人物毁在坏习惯的重压之下啊！如果只需作一时的虽然是大的努力就足以根除有害的习惯，那就不难于摆脱它了。一个人情愿让人切掉他的一只手或一只脚，如果同时也能根除戕害他生命的有害习惯的话。不是常有这样的事吗？但是难就难在习惯是逐渐地日积月累地形成起来的，要根除它同样也只有逐渐地通过长期地同它斗争。我们的意识和意志应当经常戒备坏习惯，这种坏习惯一旦在我们的神经系统里潜藏下来，就会窥伺并利用反映我们的弱点或健忘性的任何片刻时间。而意识和意志的这种经常的紧张状态乃是一种非常困难的精神行为，即使它还是可能做到的话。

5. 但是，在人的无限丰富的天性中也常有这样的情况，即强烈的精神震动，异乎寻常的精神冲动，崇高的鼓舞等能一下子就铲除一些非常有害的倾向，消灭根深蒂固的恶习，仿佛它们是在用自己的火焰去扫除和烧毁一个人过去的全部历史，以便他在新的旗帜下开创新的历史。福音书就为我们提供了这样的例子：在一个强盗身上人的心灵迅速地改变了，当时强盗及其伙伴们已和救世主一起被钉在十字架上了。如果我们好好想一想，究竟是什么样重大和沉痛的精神悲剧能够使一个在十字架上受难的强盗说出他那一番精彩的话来的，那么我们也就能够理解救世主讲给他听的话的意义了。真要有一颗强有力的心灵，才会在身受十字架的痛苦时不想到自己，而想到另一个无辜受难的人，认识到自己要受惩罚，认识到自己堕落之深和另一个人的伟大。这种时刻的确是心灵的一次变革，能够使强盗的心灵变成为赤子的纯洁心灵，天堂的大门向这种心灵敞开着。但是把毒草连根烧掉的火焰，只会产生在强盗的心灵

① 经济资本的经济方面给予人的也完全是这种东西。

之中，而且在这种心灵中也不会燃烧得很久，如果它既不减弱自己，又不破坏心灵的临时外壳的话。有这样一种迷信的看法，说是如果一个人突然抛弃他的习惯，那么，这就预兆着他即将死亡；但这种看法只有在下述情形下才是正确的，这就是一个人要经得住某种突然的精神变化，的确需要有一个强壮的身体和良好的环境，而在老年，这种突然的变化也许在给人准备美好的生活时会毁坏身体。

6. 如果仔细观察人们的性格，我们会很容易地将天赋性格和人自己所养成的性格区别开来。① 有些人一生下来就具有着优良的倾向，对于这些人来说，一切美好的东西都是他们的天然的爱好；但是也有这样的人，他们毕生有意识地同自己的先天的不良倾向进行斗争，渐渐地克服它们，并在自己身上创造一种良好的、虽然是人为的性格。在我们看来，第一种性格是更为诱人的，具有这样性格的人会自然地做好事，用这种天赋的和蔼性格和优美的善良行为来吸引我们，如果可以这么说的话。但是如果我们不失公正的话，那么我们就应该把第一名的荣誉给予第二种性格，这种性格遵循必须行善的自觉意识，靠艰苦的斗争战胜了先天的坏倾向，并在自己身上培养了善的准则。这种苏格拉底式的性格不仅从自己身上，而且也许能从自己的孩子和孙子们的身上把恶连根拔除，并把新的和生气勃勃的善行源泉带进人类的生活。② 只要人还活着，他就可能转变，从道德败坏的万丈深渊走上道德完美的最高阶段。这个深刻的心理学原则最后也出现在欧洲许多国家的法律（这些法律一般地保留了许多罗马的多神教的遗产）中，而基督教把它带进了人类信念。③

7. 遗传性的倾向既通过遗传，也通过榜样来传播，它构成了那种

---

① 性格已是有机体的遗传和后天形成的倾向之总和，在某些性格中占主要地位的是遗传倾向，而在另一些性格中则是后天形成的倾向占优势。

② 基督教从人的身上消除了遗传性的罪孽，并在这一方面给人类带来了个性自由这个伟大的和生气勃勃的原则。现在，唯物主义者的学说已把远古世界的不可抗拒的命运从神话的天堂带到了物质规律之中，因而人已不再为这种命运而苦恼了。

③ 刑法的最新理论愈来愈多地转到感化性惩罚上去了；死刑的必要性已经大大地松动了。值得注意的是，在我国的古代史里，符拉吉米尔·莫诺马赫——一个具有深刻的斯拉夫性格和笃信基督教的人物——在遗嘱中教他的子女不要伤害任何一个信仰基督教的人，不要判处甚至犯有死罪的人以死刑，尽管希腊的僧侣甚至也曾劝符拉吉米尔·斯维雅托依判处强盗们死刑。这样，真正的基督教观念就与真正的斯拉夫心灵是近似的。

被我们称为民族性格的心理现象的物质基础。①

培根说道："如果习惯对个别的人具有着这种权利，那么这种权利对于联合成为社会团体的人，如参加军队、学校和寺院等团体生活的人来说，就更加大得多。在这种情形下，榜样就会起教诲和指导的作用，集团就会起支持和巩固的作用，竞争就会进行刺激和鼓舞，而荣誉感将会使人们的灵魂崇高起来。因此，在这种团体当中，习惯的力量就达到了自己的最高峰。"② 显然，榜样的力量和习惯的力量在这里是交融着的，而且也的确是这样，如果这两种力量合在一起发生作用，那就几乎没有什么东西能与它们抗衡了。也正是因为这个缘故，所以那些教育机关，那些早已浸透着一种根深蒂固的精神和行动一贯的教育机关，在提出自己的要求方面才是明确的和坚忍不拔的，此外，它们还使自己的学生符合民族性格，因此它们便具有使我们惊异的英美学校和学院中所有的那种教育力量。民族性格的肉体基础同每一个人的性格的肉体基础一样，是可以遗传的；同个人的性格可以在他的个人生活的影响下会发生变化和发展一样，民族性格的肉体基础也会在历史进程中在各种历史事件的影响下变化和发展；但民族性格的这些变化当然是要缓慢得多的。在这方面，一个民族的伟大人物和它的历史中的伟大事件可以很公允地被称做是民族的教师；但是任何一个独立的性格和任何一种有意识的独立生活也都可以通过遗传和榜样来参与民族教育的工作，发展和改变民族性格。

8. 熟巧在学习中的作用是很明显的，不需要多花笔墨去阐述它。在任何一种技能中，在行走、说话、阅读、书写、计算和绘画等技能中，熟巧都起着主要的作用。在数学这门最需要自觉的学科中熟巧也并不是居于末位的。如果我们每次遇到 $2 \times 7 = 14$ 都还需要想一想的话，那么，这就会大大地妨碍我们进行数学演算；但是在我们的舌头机械地说出"2×7"这句话来时，手就写出"14"。在我们所讲的每一个词

① 请读者们不要忘记，我们在这里不单是谈到纯粹反射的和无意识的动作，而且也谈到这样一些动作，在这些动作中有一部分，虽然是很小的一部分反射的因素。如果一个人或是一个民族即使是稍许习惯于某种思想、行为或情感的方式，那么，在这里就已经有了反射成分：出自神经机体的无意识的冲动成分。

② 《培根文集》第2卷，第312页。

里，在我们书写时的每一个手部动作里，在任何一种技巧里都一定有熟巧的成分，有或多或少地已扎下根来的反射的成分。如果一个人没有取得熟巧的能力，那么他就会在自己的发展中得不到什么进展，无数困难就会不断地阻碍他，而熟巧却能克服这些困难，把智慧及意志解放出来，以便进行新的工作和获取新的胜利。正因为如此，所以那种不注意培养学生的有用熟巧、只关心他们的智力发展的教育会使智力发展本身失去最有力的支柱；正是这种在德国教育中多少也可以看到的错误，曾给我们造成很多的破坏，并且一直到现在它还在造成破坏。但关于这一点，我们将在我们的教育学中作详细阐述。在这里我们只想指出，熟巧在很多方面可以使人自由，并能为他开辟继续前进的道路。如果一个人在行走时每分钟都必须努力克服这种复杂动作中的困难，就像他在婴儿时期曾克服过的那样，那么，他势必就会像是受拘束的一样，就会走不远。只是由于行走变成了人的一种熟巧，就是说变成了他的一种反射，后来他才能够走路，而且他自己并不觉得什么，不觉察这种动作中的一切困难；而这种行动是很困难的，以致动物未必能克服这种困难，如果它们，与人类相反，生来并不具有这种能力的话。①

---

① 缪勒：《生理学手册》第2卷，第99页。

播种一种习惯，收获一种人生①

〔英〕查斯特·菲尔德

我的老师威廉·詹姆斯曾与一群老师讨论过“习惯律”。他把习惯看得同黄金一样重。他说：“不幸的是，一般人提到习惯这个名词时，他们心里想的往往是坏的习惯。”

人们的德行和恶行同样都是习惯的一种。习惯的重要性可以说仅次于天性。可以这样说，任何一种思想和行动的方式，只要不假思索，完全出于自发，它就成了习惯了。习惯是行动的果实。积蓄而成的习惯就成了性格。

一位诗人曾这样写道：播种思想，便收获行动；播种行动，便收获习惯；播种习惯，便收获性格；播种性格，便收获命运。

看来，习惯的力量是不容小觑的。这里所指的习惯，不仅限于心智与性灵方面，身体方面也是如此。一旦错误的想法变成习惯，它对生命就会有害处。譬如忧虑，大体上说也是一种习惯。在不知不觉间，你的情绪与思想便会养成一种躁急不安，万事挂虑的态度。再不然就是让一种犹豫不决的习惯所支配，这样的人是最可怜的。

好讥讽别人也是一种恶习。“嘲讽”这一词是从希腊文演变而来的，它的原意是“像狗一样”。其意思是说，一个人很消沉，他只凭着气味的引导往前走，而不是仰望着天上的星辰，并以此作为自己的理想。

① 选自《塑造男子汉》，〔英〕查斯特·菲尔德著，王光耀编译，中国物资出版社，2004年10月第1版。

同样地，不相信一切也会变成一种可悲的恶习。犯了这种毛病的人，第一个冲动就是把已经肯定的说法推翻，而认定它是一种一相情愿的想法。可是他忘了，什么都不信的人本身也会变成一种一相情愿。赫胥黎就曾说过，他可以找出许多理由，把人生说得一点意义也没有。

法国雕刻家罗丹内心挣扎得很厉害。他常常觉得心情不好，不能把他的梦想注入到大理石中去。碰到这种情形，他会放下工具，跑到巴黎的卢浮宫去，凝视着希腊雕像，眼睁睁望着这些明净、冷静又完美的雕像。他会自言自语："嗯，这种境界是可以达到的，在这些雕像中就可以找到。"当他从卢浮宫归来再工作时，他就有了新的信心，手艺也提高了一步。由此可见，对至上之美的崇拜，能使天上苍穹的光明，照亮日常工作。使你深受感动的崇高习惯，你何忍抛弃呢？

如果由于不小心，使内心养成一种坏习惯，那么你就一定要找一个好习惯来代替它。譬如说，假使你在不知不觉中常找人家的短处，并因而形成习惯，那么你不妨反过来，专找人家的长处。

你有什么样的习惯，就会变成什么样的人，因为习惯是生活的骨干。英国小说家高尔斯华绥曾写过一篇非常精彩的短篇小说《我行我素》，它描写一个英国人曾经历过一段很艰苦的历程，遭受无情的打击，可是他仍我行我素，因为习惯造成了他的这种性格。

巴黎一个叫卡美里特的地方有一个人名叫尼古拉斯·赫孟。他写过一本很有名的小书，书名叫《如在神前》。他出身低微，曾做过脚夫、兵丁、厨师、洗碗工。他憎恨自己的工作，可是又不得不做。后来他学到了一个秘诀，使他虽做着苦工也不感到苦。最后他对生活中的恐惧、忧虑、忙碌、疲累，也一概都不在意了。他的秘诀其实极简单，他想到自己的工作、朋友的时候，就如同在神前一样。他每天照着这样去做，到后来就成了一种习惯，把劳苦的事给神化了。

虽然这是一个马马虎虎、放纵、漠不关心的环境，但只要稍稍检点一下，行正道，就可以把自己从怠惰和颓唐中救拔出来。对于内心生活，只要像饮食起居那样稍稍下一点工夫就能趋于完美。看来，养成好习惯，摒弃坏习惯，是你必须要坚持的事情，也是我对你由衷的希望。

好习惯在于养成①

〔美〕拿破仑·希尔

一、好坏习惯都有巨大的力量

1. 史皮德的故事

成功学专家有一个名叫史皮德的朋友。他与有业务的几个工厂关系很密切。他天性乐观、前途无量，而这种乐观的天性也帮他赚了许多钱。然而不幸的是，史皮德都是从旺季得到他所有做生意的经验的，因而，他也都是在旺季的市场上一一实现他的乐观看法和希望的。

后来，经济比较萧条的时期开始了。在这种特殊时期，有经验的商人都会小心翼翼地等待经济状况的改观，多多少少收敛一点，节省开支。

然而史皮德继续保持了他乐观的习惯，在大家都踩急刹车的时候，他仍自信地认为他前程似锦，故而如往常一样加足马力往前冲。

过后，史皮德在一段很长的时间内，过度地发展了自己公

① 选自《拿破仑·希尔成功学全书》，〔美〕拿破仑·希尔著，黄地、单文编译，陕西人民出版社，2008年2月第1版。

司的事业，已经没有办法在这种经济萧条的情况下生存了，他的盲目乐观最终导致了他的破产。

2. 保罗·格蒂的故事

美国第一富豪格蒂的烟瘾很重。在度假的某一天，天下着大雨，他开车经过法国。因为大雨的原因，地面很泥泞。经过几小时的车旅之后，他在一家小城里的旅馆住宿。用过晚饭后他回到自己的房间，由于开车疲劳，他很快就睡着了。

格蒂凌晨两点钟睡醒，想抽一支烟。把灯打开，他习惯地伸手去摸睡觉前放在桌上的那包烟，发现已经被他抽完了。他下了床，摸遍了衣服裤子口袋，结果没有任何收获。

接着他在随身携带的行李里搜寻，希望能发现他无意留下来的一包烟，结果又令他失望了。旅馆的酒吧和餐厅早已关门，他心想：这个时候要是去叫醒门房，很难想象会是什么样的情景。只有穿好衣服去6条街以外的火车站才能买到香烟。

情况看起来并不妙：汽车停在车库里，车库与旅馆尚有一段距离，外面仍然下着大雨，而且有人提醒过他，车库的门在午夜关闭，在第二天早上6点开启。另外，午夜大街上也没有可能叫到计程车。

这样看来，他只有在外面下着大雨的情况下走到火车站，才能立刻抽到一支烟。但是要抽烟的欲望不断地侵蚀着他，并越来越强烈。于是他把睡衣脱了，把外衣穿上。他准备去拿雨衣，这时他突然停住了，大笑起来——笑他自己。他意识到，他的行为是多么地不合乎逻辑，甚至荒谬。

格蒂站在那儿琢磨：一个所谓的商人，一个所谓的人才，一个自以为有足够智商与情商命令别人的人，竟要在一个下着雨的午夜，仅仅为了抽一根烟而离开舒适的旅馆，步行好几条街。

格蒂长久以来第一次思考这个问题。他已经形成了一个不可自拔的习惯，为了满足这个习惯，他愿意牺牲掉最大的舒适。这个习惯对他来说显然没有任何的好处，他已经明确地意识到了这点，便很快清醒过来，立刻作了一个决定。

那个仍然放在桌上的烟盒被格蒂揉成一团，扔到了废纸篓里。

然后他把衣服脱了，重新把睡衣穿上，带着一种解脱甚至是胜利的感觉躺在床上。他把灯关了，闭着眼听着雨点打在门窗上的声音。一会儿，他便进入了沉沉的、满足的睡梦中。过了那晚，他再也没有抽烟的欲望，也没抽过一支烟。

3. 经理的开会时间

有一位经理，他部门的所有人每个星期都要被他召集起来开会，这已经形成了一种惯例。几个月后，他并没有收到想要的效果，虽然这种方式是正确的。

“我是否应中断这个会议？”这位经理思考了很久。他自己分析了这个问题之后，答案终于被他找到了，那就是：每次开会的时间都在星期五下午 4 点 15 分。

一到星期五，员工都会习惯性地思考回去如何开心地度过周末，在他原定的开会时间里，他们已经没有兴趣、兴致把时间、精力放在公司的任何讨论上。想到这些后，这位经理改变了开会的时间和日子，这样每星期的惯例立即成为了好的习惯。从此，员工士气达到了高峰，而且因为会议日期、时间选择得当，很多能增加产量和效率的好想法在会上产生了。

4. 拿破仑·希尔成功信条

坏的习惯把人从成功的神坛上拉下来，好的习惯则能使人立于不败之地。

常常做一件事会成为习惯，而习惯的确具有相当大的力量。但是人类也有一股不小的改变能力，人类既然有能力养成习惯，当然也有能力将他们认为不好的习惯去除。

拿破仑·希尔认为，守时对商人来说是一项特别有价值的资产。常言说“时间就是金钱”，这话永远都是对的，而且在现在这个时代更显得重要。

节俭是另一种可以养成的习惯，而它可以说是能使任何事业成功的因素。

当一个人刚开始创业的时候，情形就有点像突然沉溺在湖中央的船。如果他保持镇静，他生存的机会就较大，否则他就很可能被溺死。

5. 拿破仑·希尔成功金钥匙

习惯是一个人不可不重视的个性内容，因为习惯的好坏将直接影响到成功与否。很多人具备了优良的条件却最终失败了，就是因为平常没有养成很好的习惯。习惯来源于内心世界，是多种心理因素的综合，所以一个人的习惯直接反映出他的思维方式、人生态度和心理情感。有着积极的人生态度、正确的思维方式以及良好的心理情感的人，必然也会养成良好的习惯而让人称道、让人信服；反之，则会表现出不良的习惯，让人敬而远之。习惯决定了你所能进入的人群，也就决定了你可能获得的成就。拿破仑·希尔认为：一个人若想成功的话，他就必须懂得习惯具有的强大力量，为了养成好习惯必须要实地去做；他必须时时警惕，将那些可能破坏好习惯的事物去除，也要赶快养成对自己所追求的事业有帮助的那些习惯。

二、好习惯的养成与收效

1. 保罗·山布森学会放松

直到6个月前山布森的生活还一直紧张忙碌。他从不知道让自己轻松一下，做任何事都很紧张。他晚上总是精神沮丧、忧虑重重、精疲力竭地下班回到家里。什么原因？因为长久以来都没有人告诉他：“你为什么不使自己轻松一下？你为什么不能让自己慢慢来？”

他从早上起床就开始匆匆忙忙的：吃早餐、刮脸、穿衣都是匆匆忙忙的；做完这些每天必做的工作后，他又匆忙开车去上班，走在路上就像是怕方向盘飞出窗外一样，总是紧紧地抓住方向盘。他每天上班都很紧张，做事都很迅速，下班便匆匆忙忙赶回家，到了晚上，他只想匆忙入睡。

他向成功学专家请教，因为他这种紧张的生活习惯实在太严重了。成功学专家告诉他，他需要放松紧张的生活。专家给山布森一个建议：随时都要联想到轻松。在吃饭、开车、工作、入睡之前，都要按照五项建议去做，要先想到放松自己。成功学专家指出，原来他处于一种不知道如何使自己松懈下来的情况，这样持续下去无异于慢性自杀。

从了解这些开始，山布森就努力练习使自己身心放松。每天上床睡觉前，他都首先使自己的身体彻底放松，并不急着入睡，最终让自己的呼吸也趋于平稳。这样，相对于以前，已经是一大进步。以前早上醒来时，他总觉得又累又紧张；现在，早上醒来后，他就觉得已得到了充分的休息。无论是吃饭还是开车，心情都轻松多了；当然，为了安全，驾车同样也很警觉，但远远没有以前那么紧张了。最关键的是，上班前，他也不像以前那么紧张了，也能使自己松懈下来；工作中，他多次把手中的一切工作停下，详细检查自己是否彻底放松了。

当电话铃响的时候，他也不像以往那样急忙去接听；有人跟他说话时，他也能使自己像一个沉睡的婴儿般轻松。

学会放松以后，山布森的生活变得不再紧张、烦恼，而是十分轻松。

2. 丘吉尔的故事

丘吉尔在二战期间已经60多岁了，一年一年地指挥英国

作战，而且每天的工作时间都长达16小时，实在是一件很难做到的事情。什么才是他能够坚持下来的秘诀？每天上午11点他仍在床上打电话、看报告、口述命令，甚至将很重要的会议安排在床边举行。他每天在吃过午饭后，都要回到床上睡一个小时。另外，他还在晚上8点吃饭以前补两个小时的睡眠。既消除了疲劳，也使得每天都有精神工作到半夜之后，这都来自于充分的休息。

3. 杰克·查耐尔的故事

查耐尔几年前在米高梅公司短片部做经理的时候，经常有劳累和筋疲力尽的感觉。他试过很多种办法，吃补药和维他命、喝矿泉水，但都没给他带来什么帮助。他曾问过一位成功学专家，成功学专家建议他试试边工作边休息的方法。

两年之后，成功学专家与查耐尔碰面时，查耐尔告诉他："医生说我出现了奇迹。以前，每次我总是坐在椅子里跟我的下属谈短片，非常紧张。现在我都躺在办公室的长沙发上跟大家开会。我现在感觉不错，很少感到疲劳，而且每天还能比原来多工作两个小时。"

4. 今日事今日毕的百捷克

百捷克是美国最成功的保险推销员之一，他在头一天晚上就会把第二天的工作计划好，不会拖到当天早上5点钟才计划工作。在工作计划中他给自己定了一个目标，一个一天要卖掉多少保险的目标。在他没有做到的情况下，差额会加到第二天。

5. 贺华提高效率

贺华在逝世前，曾在美国钢铁公司任董事长。任职期间，

每次董事会都要讨论很多问题，要花上很长的时间，可是达成的决议却很少。董事会的每一位董事都要在会议后带一大堆的报表回家看。

后来，贺华先生说服了董事会，每次开会不需要讨论那么多问题，只讨论一个就可以了，而且不拖延、直接做结论，不耽搁其他问题。这样的话，可能需要更多的资料才能得出决议，但是这个问题在讨论下一个问题之前一定能达成某种决议。这样改制后，得到的效果是十分明显的，所有的积留下来的问题都得到了解决，日历上也已经变得条理清晰；大家不用再为没有解决的问题而忧虑，更加不需要带一大堆的报表回家了。

6. 佛德瑞克·特拉的故事

特拉曾经用事实证明了一个道理：从事体力劳动的人，如果休息时间多的话，每天可以做更多的工作。当在贝德汉钢铁公司担任科学管理工程师时，他曾观察过，工人基本上一到中午就已经筋疲力尽了，但每人每天也只能往货车上装大约12吨半的生铁。他针对所有产生疲劳的因素做了一次科学研究，总结出工人应该每天能装运47吨生铁，而不是只能装运12吨半。从他的计算中我们可以看到，工人不会疲劳，而且能做到目前成绩的4倍，只是这个计算还要加以证明。

史密斯先生被特拉选中来证明他的计算结果。他让史密斯按照秒表规定的时间来工作。“现在请拿起一块生铁，走……坐下休息……走……坐下休息……”当史密斯工作时，一直有一个人在一边拿着秒表来指挥他。

结果如何？史密斯每天都能货运40吨生铁，而别的工人每天只能装运12吨半的生铁。佛德瑞克·特拉在贝德汉公司工作了三年，史密斯的工作量一直都是每天40吨。在这三年里，每个小时他大约工作26分钟，休息34分钟，正是因为他在疲劳前得到了充分的休息，所以才能做到那么多的工作量。

他的工作成绩差不多是其他人的4倍，但是他休息的时间却比工作的时间多。

7. 富兰克林改正自己的缺点

富兰克林经常失去朋友，只不过他以前从未感觉到。直到有一天他警觉了这个问题，他才开始注意到其中的原因：他太争强好胜了，这是导致他始终跟别人处不好的关键。

年前的某一天，他大致定好了年度计划后，坐在那又列了一张清单，清单上所列出的都是他个性上所表现的一些缺点。他又将缺点重新排列了一下顺序，从最致命的缺点开始，到不足挂齿的小毛病为止。他下定决心要一一改掉这些缺点。每当他彻底将一个缺点改掉时，他就会划去单子上那一条，直到都划完为止。结果，他受到了大家的尊敬和爱戴，成为美国最得人心的人物之一。

当习惯成了自然[①]

〔美〕刘 墉

今天真是好险，妈妈和爸爸下午出去的时候，差点出车祸。

那时，妈妈由咱们家的车道开进大马路，她只顾左转，没想到右边正有辆计程车快速开过来。幸亏爸爸看到了，及时提醒妈妈踩刹车，那白色的计程车才擦身而过。

愈是在习惯的地方，愈容易疏忽。这种在自家门前出车祸的事，我真是见多了——

25 年前，我才来美国，住在弗吉尼亚州一个教授家里，有一天朋友来访，决定一起出去看电影。岂知才出门，教授的车就拦腰撞上了来访朋友的车，原因是他只顾习惯地倒车，却忘了朋友的车正停在车道上。

还有个车祸是听为我们装修的小李叔叔讲的。他说有一家人翻修浴室，特别请他申请了一个装垃圾的车斗。车斗到的第二天早上，那家主人照例开车上班，才倒车出去，就狠狠撞上了车斗，把车尾巴都撞烂了。

小李叔叔还说，到人家做工最要小心了，绝对不能蹲在车房外面和院子转弯的地方工作，因为每家人都习惯倒车出车库和从外面开车转进自己的院子。这条路屋主闭着眼睛都能开，所以当他突然看到工人的时候，常常已经撞上了。他还说，有好几个搞装修的朋友都因为没注意而

① 选自《靠自己去成功》，〔美〕刘墉著，接力出版社，2007 年 5 月第 1 版。

受了伤。

我们常说“习惯成自然”，许多做过千百次的动作，都会成为习惯动作。

举个例子，如果你每天进房间，都伸手到墙上拨电灯开关，有一天你回家，打开门，灯虽然是亮的，你还是会伸手往墙上摸，对不对?

但是你也要知道，习惯动作也常使你忘记用脑而铸成大错。譬如有一天，你开门，嗅到屋子里有浓浓的瓦斯味，明明知道开灯可能引爆瓦斯，但是想到时，手却可能已经拨了开关。

这也是我为什么每次到学校接你，带你走过草坪、穿越停车场的时候，都叮嘱你，要看清楚左右，确定没有来车的时候再走。

因为很少有人走学校的侧门，也很少有人从草坪那边走上车道，那些开车的人已经习惯每天快速地倒车开车。他们急着去接子女，你又急着回家，这些急切的心和习惯的动作反而成为最危险的事。

最后让我说两个报上刊登的真实故事给你听吧——

有个年轻妈妈带着新生的娃娃去超级市场。

买完东西，她先把放娃娃的篮子搁在车顶上，再把买好的东西放进后车厢，然后开车回家。

车子直接上了高速公路，突然四周的车子都对她按喇叭，她先是觉得奇怪，看四周门都关得好好的，大家为什么急成那样?接着，才想到她带了娃娃出门，娃娃在哪里?

天哪!娃娃还在车顶上!所幸路上平稳，那装娃娃的竹篮子居然没掉下来。

另一个家庭就没那么幸运了——

有个十三四岁的男生，每天下午做完功课都跟同学出去打网球。

网球场远，由同学的爸爸开车，每次都是车到门口，再用手机打电话叫他出去。

这一天，他妈妈正给他的小弟弟洗澡，突然有电话来，他

去接，是妈妈的，就叫妈妈。

妈妈说小弟弟在浴缸里，你帮我看一下，于是出去接电话。他才要进浴室，却听见敲门声，是来接他打球的同学，因为电话打不进来而在外面叫他。

他就像往常一样拿起球拍和球袋出门。

岂知当他打完球，回到家，家里空无一人，邻居过来说他妈妈送他弟弟去了医院。

这时候，他才想起，妈妈不是叫他看弟弟吗?

他怎么都没想到，就在妈妈接电话、他离开家的那么一点时间，他年幼的弟弟已经淹死在浴缸里了。

你想想，上面两个意外都是怎么造成的?

都是因为习惯啊!

去超级市场的妈妈，太习惯买完东西往车厢一放就开车回家的动作，小男孩又习惯每天听到召唤就拿起球具跳上车的动作，他们却都忘了“那天不一样”!

孩子! 你 14 岁了，也就累积了 14 年的习惯动作，你的功课愈来愈多、心事愈来愈多，也就更容易分神。这也是我由今天下午的惊恐中发现，不能不叮嘱自己，也叮嘱你“愈在熟悉的地方，愈要谨慎”的原因。

两种习惯养成不得[1]

叶圣陶

在本志第一期里，我说“习惯成自然”才是能力，一个人养成的习惯越多，他的能力越强。这一回要说的是习惯不嫌其多，有两种习惯却养成不得，除掉那两种习惯，其他的习惯多多益善。

哪两种习惯养成不得？一种是不养成什么习惯的习惯，又一种是妨害他人的习惯。

什么叫做不养成什么习惯的习惯？举例来说，容易明白。坐要端正，站要挺直，每天要洗脸漱口，每事要有头有尾，这些都是一个人的起码习惯，有了这些习惯，身体与精神就能保持起码的健康。但是这些习惯不是一会儿就会有的，也得逐渐养成。在没有养成的时候，多少要用一些强制功夫，自己随时警觉，坐硬是要端正，站硬是要挺直，每天硬是要洗脸漱口，每事硬是要有头有尾。直到“习惯成自然”，不待强制与警觉，也能行所无事的做去，这些就是终身受用的习惯了。如果在先没有强制与警觉，今天东、明天西，今天这样，明天那样，那就什么习惯也养不成。而这今天东，明天西，今天这样，明天那样，倒反成为一种习惯，牢牢的在身上生根了。这种习惯就是“不养成什么习惯的习惯”，最要不得。为什么最要不得？只消一句话回答：这种习惯是与其他种种习惯冲突的，养成了这种习惯，其他种种习惯就很少有养成的希望了。

① 选自《叶圣陶教育文集》，叶圣陶著，人民教育出版社，1994年8月第1版。

什么叫做妨害他人的习惯？也可以举例来说。走进一间屋子，砰的一声把门推开，喉间一口痰涌上来了，扑的一声吐在地上，这些都好像是无关紧要的事。但是很关紧要，因为这些习惯都将妨害他人。屋子里若有人在那里作事看书，他们的心思正集中，被你砰的一声，他们的心思扰乱了，这是受了你的影响。你的痰里倘若有些传染病菌，扑的一声吐在地上，这些病菌就有传染给张三或李四的可能，他们因而害起病来，这是受了你的影响。所以这种习惯是“妨害他人的习惯”，最要不得。在“习惯成自然”之后，砰的一声与扑的一声将会行所无事，也就是说，妨害他人将会行所无事。一个人如果明瞭自己与他人的密切关系，不愿意妨害他人，给他人不好的影响，就该随时强制，随时警觉，不要养成妨害他人的习惯。不问屋子里有没有人，你推门进去总是轻轻的，不问你的痰里有没有传染病菌，你总是把它吐在手绢或纸片上，这样“习惯成自然”，你就在推门与吐痰两件事上不致妨害他人了。推广开来说，凡是为非作歹的人，他们为非作歹的原因固然有许多，也可以用一句话来包括，他们的病根在养成了妨害他人的习惯。他们不明瞭自己与他人的密切关系，他们不懂得爱护他人，一切习惯偏向妨害他人的方面，他们就成了恶人。如希特勒，墨索里尼，日本军阀，是头等的恶人，其他如贪官、污吏、恶霸、奸商，也都是恶人中的代表角色。这些恶人向来为人们所痛恨，今后的世界上尤其不容许他们立足。谁要立足在今后的世界上，谁就得深切记住，不要养成妨害他人的习惯。

习惯不嫌其多，只有两种习惯养成不得，一种是不养成什么习惯的习惯，又一种是妨害他人的习惯。

儿童要自幼养成战胜困难的习惯[①]

廖世承

有的人惯在荆棘丛中，打开生路。遇到困难，便踔厉奋发，一往直前；有的人稍有挫折，便生退缩，一遇疑难，便尔趑趄。通常的见解，以为体格高大的人，一定坚忍的能力强些。实则不然。体格的大小强弱，与坚忍无关。短小精悍的人，虽“长不满五尺，而心雄万夫”；身长九尺的曹交，或者只能“食粟而已”，无他长处。坚忍和进取是一种习惯。儿童自幼养成战胜困难的习惯，便富有独立进取的精神。

人格所包含的特性，不仅如上述五种，不过能就此五种来观察一个人的人格，亦可以得其大概了。现在再谈品性的养成：

品性是人格的一部分。在讨论人格的发展，已经涉及品行性的问题。不过上述的道德行为，偏重在对人方面，社会方面；此刻所讨论的品性，含有对己的关系。我们批评行为的好坏，一半依据社会的标准，一半由于主观的见解。所以个人所抱的理想，很是重要的。

我们要一个人做一件好事，不为别的作用，只因他认为这件事是应当做的。这样，适当的行为才能变成习惯。倘使人们做慈善事业，希望得到时人的赞许，希望得到福田利益，那做了这件事情后，于品性上不生多大影响。

品性的养成，不靠托空虚的，抽象的讨论。养成品性，如同养成打字和运动的习惯一样，开始须有集中的注意，嗣后须有多量的练习，并

① 选自《廖世承教育论著选》，汤才伯主编，人民教育出版社，1992年6月第1版。

且不许有间断。詹姆斯的三条规则，很可在此地引用：（1）养成有用的习惯，愈多愈好；（2）养成时不可偶一失足；（3）立定主见就立刻去做。

除詹姆斯的三句话外，效果律也可应用。儿童做了好的事情，父母教师应当奖励他，使这件事的结果发生愉快；做了不好的事情，应当制裁他，使这件事的结果发生烦恼。例如儿童最易犯的错误是偷窃，说谎等行为。他看见心爱的东西，就想据为已有。要是他偷窃的行为，没有受到惩戒，他就要继续进行尝试。矫正的方法，在使儿童偷窃的结果，非但得不到好处，并且受到损失。有一个学生偷了人家的东西，教师不去警告他，私下把那件东西取回，并且把他的书籍玩具，一起藏掉。那个学生向教师哭诉，说他的物件被人偷去了。教师于是利用这个机会，和他讨论主权的问题。从此以后，他不敢再犯了。说谎也是儿童常犯的过失。有时在家里听见父亲或母亲说谎，有时听见别的儿童说谎。他在有意无意间受到不少的训练。他做错了一件事，怕受责罚，也照样说了一句谎，结果是平安无事。这样，是成人奖励儿童说谎了。矫正的方法，并不容易。最重要的点，在使说真话的儿童得到酬报，说谎的得到痛苦和烦恼。

不良好的习惯，固应破除。但与其消极抵制，不如积极的养成理想。有了理想，总有良好品性，才能适应新的情境。不过怎样使理想变成习惯？可引用却推斯(Charters)的话。他列有五个步骤：

1. 引起欲望

任何学习，没有欲望，便得不到进步。养成理想，增进品性，更须有自内而发的动机。某名人在年幼的时候，常听到母亲鼓励他，赞美他的话，“你是一个好孩子，我完全可信任你。”每当外界的势力引诱他，就想起他母亲的话。他很爱他母亲。他愿意学好，不愿意伤母亲的心。

2. 分析情境

一个人有为善的动机，而缺乏鉴别是非的能力，还要走入歧途。所以智慧与品性有密切的关系。智慧好的人，不一定品性也好。但没有相当的智慧，对于一件事的判断，不能从各方面来衡量轻重。他不能养成最高的道德观念。我们要把一件事情的关系，分析清楚，然后可以决定取舍。

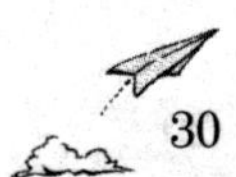

3. 拟定计划

有为善的动机，并且知道什么是善，但没有实行的计划，还是不行。关于个人的问题，有了具体的主张，拟具计划，还不困难。关于群众的问题，有了计划，还须得到别人的赞助。威尔逊的国际联盟，用意并不坏，但实际的计划，不能在参议院通过，力量就薄弱。

4. 注意实习

上边说过增进品性，不能凭空虚的理论，须从实际的行为来养成。一种行为，反复练习，成为习惯，才算是可靠的品性。例如要学生有礼貌，与其空口讲礼貌的重要，不如供给他机会，使他练习礼貌的行为。走进房间及乘坐升降机，应当让年老的人走在前面；看见师长，应当致敬；向人招呼，应当有和悦的态度；举行仪式，应当肃静。诸如此类，使他一一的演习。久而久之，他就能有礼貌的品性了。

5. 理想须普遍化

一件事情的解决，合乎理想，价值还不大。一种理想须能普遍化，才有最大的效用。所谓习惯，就是普遍化的动作。碰到类似的刺激，总引起同样的反应。林肯很早就有不应虐待黑奴的观念。后来看见有人公然的在市场上贩卖黑奴，他的理想才发生类化作用。他决定在美国任何地方，不容许有此种事实发现。一个人的理想能普遍化，他的行动就前后一致了。

我们要养成品性，须先养成理想，须使理想变成习惯。假使中山先生没有革命的理想，没有使这个理想具体化，普遍化，就不会得到多数人的信仰，不会推翻满清，创造一个中华民国。

（节选）

良好习惯早养成[①]

卢　勤

一、行为习惯

一年级孩子的问题，是所有孩子都面临的问题。很多一年级的孩子，从幼儿园的小朋友变成小学生，这是人生的第一个转变。他从一个无拘无束的孩子，突然变成一个学校里要守纪律的小学生了，这是个转变。就这段时间最需要的是什么呢？是爸爸妈妈的耐心。人生最重要的是养成好习惯，而这些最重要的习惯都是一年级养成的。所以这段时间千万不能着急，因为人要改变的话，他需要个过程。

孩子要养成好习惯。养成好习惯方法是什么呢，不要训斥，只是父母告诉孩子怎样做。比如一年级的孩子要学会怎样坐，坐在那儿一定要坐得腰很直，然后坐有坐相、站有站相、吃有吃相、写有写相，这些都是一年级培养的。

我认识一个朋友，女儿非常优秀，现在已经出国留学，而且获得了双博士学位。他说自己教育女儿的方法，是从一年级下的工夫。孩子上了小学，他就告诉她应该怎样吃饭，应该怎样写作业，要掌握时间。回家第一件事先洗手，吃点儿东西活动一下，然后写作业。写作业的时候，眼睛离桌面必须有一定的距离，不能够趴得很低，手拿铅笔的时候姿势一定要正确。写得怎么样我不管，我只告诉你姿势要正确。然后他

① 选自《给知心少年》，卢勤著，漓江出版社，2008年5月第1版。

拿一根小棒，他管它叫“教女棒”。这小棒很小，跟筷子一样细。爸爸就坐旁边，看孩子的姿势不对敲她一下，腰弯了敲她一下，这都是很轻的，不是打孩子，就是提醒她。他也不给孩子检查作业，让她自己检查，一切由她自己做。所有的这些规矩，他都告诉孩子然后跟她一起做。

坚持了半年时间，孩子就跟人家不同了，坐有坐样、站有站样，写东西的时候姿势很漂亮，字也写得很漂亮。然后又坚持了半年，整整用了一年，孩子养成了良好的习惯。每天写完作业第一件事，先把书都收拾好，把书包收拾好。然后每天晚上睡觉的时候，先把外面的衣服脱下来，放在最底下，然后一件一件脱，最后把袜子搁在最上面。第二天早上，因为袜子爱丢，先把袜子穿上再穿别的衣服。她的书柜也非常整齐。所以我后来就跟很多家长说，你一年级就要帮孩子养成好习惯，一个行为坚持 21 天，他就能成习惯，父母都要有点儿耐心。

父母不要先给孩子扣帽子，只要您教育方法得当的话，他一定行。

二、学习习惯

孩子良好的学习习惯中重要的有：

独立完成作业，考试不作弊；

刻苦认真学习，一丝不苟；

守时惜时，学习计划有序；

勤于思考，不拘泥于定式。

人的学习习惯一般在小学便形成了。所以，小学中年级是建立学习好习惯的时机，荒废到中学再培养就实在不容易。如果从小不良学习习惯积累多了，时间一长，积重难返，今后一旦要改便大费周折。

三、生活习惯

积极的生活习惯，就是符合社会道德标准、有益于人的心身健康的生活习惯；消极的生活习惯，就是不符合社会道德标准或不利于人的心身健康的生活习惯。良好生活习惯主要有：心胸豁达，情绪乐观；劳逸结合，坚持锻炼；生活规律，善用闲暇；营养适当，防止肥胖；不吸

烟，不酗酒；家庭和谐，适应环境；与人为善，自尊自重；爱好清洁，注意安全。

有害健康的不良生活习惯主要有：吸烟；饮酒过量；不恰当服药，包括未经医生处方服药和不按医嘱的方式和剂量服药；体育活动不够或者运动量过大；热量过高和多盐的饮食，饮食没有节制；不接受合理的医疗处理，信巫不信医；对社会压力产生适应不良的反应；破坏身体生物节奏的生活。

经调查，绝大多数成绩优秀的学生回家后，都把家庭作业、智力游戏、阅读书籍放在娱乐、看电视、玩游戏机之前。

一般而言，习惯的养成常经历3个阶段：

制度制约。此时尚需有他人督促提醒，行为略显被动，却是必经阶段。例如孩子做完作业需要检查，有时还需要家长提醒，逐步养成习惯。

自觉行为。在此阶段，行为由他人督促变为自我督促。这是形成习惯的关键时期。例如，孩子做完作业后问自己：我检查了吗？

自动行为。连自我督促也不需要的时候，行动已经自动化了，已经内化为自身的需要了。例如，孩子做完作业如果不检查，自己就会觉得不舒服，一定要仔细检查之后才坦然。这时，良好的学习习惯才算真正养成了。

优良学习习惯的培养不是一朝一夕之功。学习习惯的养成越早越有效，小事不放松，一点一滴地努力，长此以往，方见成效。

四、坚持不懈

父母不能事事包办代替，要培养孩子的责任感，让孩子自己拿主意，减少依赖性。当孩子断然作出某个决定或承诺时，告诉他，要对自己的做法及所能产生的后果负责。这样可以避免事后不必要的埋怨和牢骚。英川6岁时愿意学钢琴，父亲也希望他能学一门乐器，以提升生活品质。在激起了孩子的兴趣后，父亲告诉英川，学钢琴跟学别的本领一样，都是有困难的，你再考虑一下，明天早上告诉我。一旦学了以后就要克服困难，坚持到底。英川作了承诺。两年以后，英川对每天的练习厌烦了，流露出不愿学的情绪，父亲跟他谈心，并激将他：“当初你可是答应过我的。我们是男人哪，答应了的事，作出的承诺是一定要努力去实现的。”此后，这个9岁的“男人”发奋努力，现在已经弹得一手好钢琴了。

五、拒绝垃圾文化

人要有自制力，人如果没有自制力将来是不能成大器的，所以爸爸妈妈要帮他选择一下。口袋书是放在口袋里的小书，小书也有好有坏的，并不是说口袋书都不好，就是一些黄色的、淫秽的东西不要看，健康的孩子不要去看这些东西，爸爸妈妈要发现了就没收。怎么去选择呢？我觉得您可以带着孩子上新华书店，和他一起去评论，什么样的书好，什么样的课外书是不错的，让他有一个辨别是非的观念，这其实也是一种教育，教育是在比较中实现的。咱们有的时候，教育特别简单化。我觉得十岁的孩子，正是认知的时候，你可以带他从课外书说起，在比较中去认识，天下没有好的东西，只有合适的东西，只要选择最适合他的东西就好了。

六、思考是金

爱思考的孩子总爱问“为什么”，我们的孩子就是在解开一个个“为什么”的谜团中长大的。

可是，面对孩子数不清的“为什么”，父母、老师常常束手无策。

一天，一对年轻夫妇领着他们8岁的儿子来见我，说他们的儿子是“问题儿童”，让我帮忙看看“问题”出在哪里。

“你最喜欢研究什么问题?”我和这个男孩聊起来。

“汽车、武器、电脑、宇宙。”男孩回答。

“那好，请你谈谈你的研究成果吧!”我对他的回答很感兴趣。

他一口气讲出18种汽车的名称、产地、速度和价格，俨然是个汽车方面的专家。他说，这些汽车的标牌自己都能画出来。接着，他又说出十几种武器和数十种电脑的名称和性能，还向我说了自己想出来的消灭战争的办法……

我惊讶不已，问："你几岁？"

"8 岁呀！"他一定觉得我的提问很怪。

"你这些知识是从哪儿得来的？"我又问。

"看书呀。有的是我发现的。"

"你们的孩子很了不起，不但没有问题，而且是个人才，请你们一定珍惜！"我兴奋而又郑重地对孩子的父母谈了自己的看法和评价。

"他经常提一些怪问题，跟学习、考试一点儿不沾边，我没法儿回答。"妈妈还是很发愁。

"能提出问题的孩子是智商高的孩子。至于他提出的'为什么'，你不必马上直接回答，应该引导他，让他自己从书本上、实践中找答案。"这里，我引用了一位父亲培养爱思考的女儿成才的成功经验。

这位父亲是这样告诉我的：女儿小时候总缠着我问"为什么"，我都不是直接回答，而是让她自己去寻找答案。她逐渐尝到了读书的兴趣，也更爱思考了，后来取得了博士学位。

我们的孩子是 21 世纪的主人，他们所面临的将是一个知识高度更新、变化日新月异的时代，等待他们的将是许多闻所未闻的新知识、新事物，他们的任务是学习，学习，不断地学习。而对于学习，思考将是最好的、最有效的方法。所以，作为他们的父母，我们要留给孩子的不是一些生活的必需品和舒适安逸的生活环境，而是要教会他们学习，教会他们思考，教会他们用自己的思想去创造生活。

桑树要小弯[1]

赵忠心

从前，有一位富翁，年近五十，方得一子。老来得子，能有不爱之理？在富翁眼里，小儿子就像是掌上明珠、无价之宝，成天看着乐得合不上嘴。对儿子是迁就放任，从来不管不教，任其为所欲为。

过了几年，儿子有四五岁了。由于父亲的娇惯，一不高兴就张口骂人，动手打人，简直是强横霸道无所不至。父亲总觉得他年纪还小，不懂事，从不认真管教，敷衍两句拉倒，对儿子一直是采取宽容、纵宽的态度。

随着年龄的增大，恶习不断膨胀，儿子的胆子越来越大。到了十七八岁的时候，他竟常常偷他父亲的钱，到外面去赌博，一掷千金，毫不介意。后来，他父亲知道了，非常生气，觉得再不管就不行了，于是当着众人的面，把儿子大骂了一顿。那儿子不但不怕，反而张口大骂他的父亲："你这老东西，该死不死，还要骂我。你当心点，我迟早要弄死你!"

父亲听了儿子这浑话，气得浑身直发抖。

他心想：儿子这话虽说是在气头上说出的浑话，也不能不防着点儿。当天晚上，富翁把一只小斗桶放在铺好的被窝里，就像是有人在睡觉的样子。他自己静悄悄地躲在床后边，屏息着气，看他儿子的动静。过了不到一刻钟工夫，只见儿子轻手轻脚推开房门，蹑手蹑脚地走进屋

① 选自《赵忠心谈家庭教育》，赵忠心著，中国检察出版社，2001年1月第1版。

来，手里提着一把锃亮的斧头，一到床前，就怒气冲冲地举起斧头，狠狠地向床上的被窝乱砍一通。只听“啪”的一声，小斗桶碎了，儿子以为是他父亲的脑袋被砍碎了，丢下斧头，仓皇逃走了。

光阴似箭，一晃过去了十多年，这位富翁已经有 80 多岁了。暮年孤独，苦不堪言，睹物兴怀，悲感交集。虽恨儿子无良，但仍旧希望儿子改邪归正，回到身边来。

有一天，老人家正在桑园里独自散步，忽然有一年逾 30 的农夫朝这儿走过来，对他说：“老人家，请你把这株老桑枝弯过来。”他笑嘻嘻地说：“老弟！老桑株哪里还能弄得弯？”那农夫说：“不错，不错，桑枝要小弯，儿子要小教。”老人家听了这句话，不禁顿触旧恨，珠泪点点，泣不能抑。农夫又对老人说：“你仔细看看，我是谁？”老人上下打量，细细端详，眼前不正是自己逃命在外的儿子吗！父子二人相认，百感交集，抱头痛哭。

这个故事情节很简单，但却使人惊心动魄，发人深省。这位做父亲的，在孩子小时候不管不教放任自流，差一点儿把自己的性命葬送在亲生儿子的斧头之下。这是多么令人毛骨悚然的深刻教训呀！

我们有些做父母的，对小孩子在思想品德和行为上，总是采取放任自流的态度，舍不得严格管教，任其为所欲为。其理由是：孩子还小，不太懂事，管教也没用；等长大了，懂事了，再管也不迟。猛一听，这种说法似乎很有道理。其实，这是一种糊涂的想法。

孩子在小时候，是不大懂事。所谓“不大懂事”，就是分辨是非善恶的能力不强。但他们的感受能力却相当强，极容易接受外界的影响。如不加强教育，任其为所欲为，他们就会以错为对，以非为是，很容易养成不良习惯。如孔子所说：“少成若天性，习惯如自然。”一个人在小时候形成的习惯，不管是好习惯，还是坏习惯，都像是天生的一样，非常牢固。特别是不良习惯，一旦养成，不及时加以纠正，就会恶性膨胀，要想改变，那要花费很大的气力。正如明朝王阳明所说：“良师益友不能劝勉，赏重罚不能匡正矣。”最后，不仅孩子自己受害，也会危及家长，危害社会。那位富翁的教训很值得今天做父母的深思。

早在春秋战国时期，卫国大夫石碏在进谏卫庄公时，就曾经这样说过：“人之爱子者，多曰儿未有知耳，俟其长而教之，是犹养恶木于萌芽。曰俟其合抱而伐之，其用力顾不多哉？又如开笼放鸟而捕之，解缰放马而逐之，何若勿纵勿解之为易也。”这意思是说，娇惯溺爱小孩子的父母，一般都是认为孩子还小，不大懂事，先不要去管，等长大了再管也不迟。在这种思想指导下，对孩子往往是放任自流。这就好像是栽种树木，树小的时候不加修剪，任其自由生长，等树木长到合抱大树，已经长得又歪又斜了，再去修剪枝杈，能不费很大的力气吗？又好像是打开鸟笼，把鸟放飞，然后再去抓；还好像是解开缰绳，把马给放掉，然后再去追。与其如此费气力，何必当初就不放开它们，那该有多省力呀！

石碏的话很值得家长们深思。

习惯的性质[①]

贾馥茗

习惯的英文字是habit，源自于拉丁字名词habitus，动词则是habere，是“具有”的意思。西方哲学家中从柏拉图开始，便说习惯是由学习而得到的；学习的效果保留了下来，加上人的可塑性，便成了习惯。到了亚里士多德以至于阿奎那，从道德的立场上谈到习惯，也以为是由练习而得；同时分别出“好”习惯和“坏”习惯；若就官能的作用来说，又有心智的习惯，像思想和知识，以及嗜欲的习惯，是由情感或意志促成的。

近代心理学中说到习惯，大体上认为是一个人的行为经常或自动地趋向于一种形式，由多次的重复而成。詹姆斯（W. James，1842—1910）从生理和神经中枢着眼，以为从生理的观点说，获得的习惯是在大脑中形成的一条只能外泄的路线；因为神经中枢有伸缩性，使得外泄的路线由线痕因频繁的流冲而加深，犹如衣服的褶痕，因长期重复折叠而痕迹彰然，习惯在神经中枢里所留下的痕迹便是如此，最后成为一条畅通的大道。不过这条道路只有出而无入，表现于外在的行动，便成了无可更易的一种固定方式。[②]

习惯的形成，有一个必需的条件，那就是一项动作的重复出现。可以成为习惯的活动，从无意识的、非自主的动作，以至于有意识、有知

① 选自《人格教育学》，贾馥茗著，凤凰出版传媒集团，江苏教育出版社，2008年8月。

② James. W.（1962），*Psychology*：*A brief course.* NY：Collier Books. pp. 150～165.

觉的活动，只要迭次出现于同样的方式下，这种方式便可能成为定型，成了所谓之习惯。而习惯一经形成之后，便很难改变，这可以说是习惯的特征，也就是詹姆斯所说的，在中枢神经构成了一条只能外泄、无由得入的通道。所谓只能外泄，便是经由中枢神经达到运动神经而成的行动，只有一个方式，非此不可，除此之外，别无其他道路，所以才有了定型。所谓无由得入，可以说凡是这项反应，既然已经有了定型的宣泄方式，便不必再经过中枢神经，从事连接，然后再定出路，成为实际上的习惯性活动，不再经过意识，会自然地表露出来，而成了无意识的活动。习惯的胶着性由于此，难以改变的原因也由于此。

由于习惯的这项特性，使得人们认为习惯是人的第二性质。这固然是说习惯不是与生俱来，乃是后天获得的；同时也意味着习惯具有和天生的性质般的力量，在形成以后，就成了人品质中的一部分，宛如生来就是如此的一般。后一种情形，即是心理学中所说的，学习获得的内在化。到了内在化的境地，和这个人便不能分割了。

习惯既是由学习而获得的，和行为便有了连接以至于密切的关系。如果说习惯开始于行为，则多次同样的行为方式便可以形成习惯，所以也可以说，一项习惯就是某项行为的固定形式；而待到这项行为成了习惯以后，凡是再次出现后，就必然依照那个固定的形式。到了这个时候，行为的形式已不需要中枢神经的指挥，可以像反射动作般的径自发出，因而在意识层次或知觉领域里，并没有这项行为的痕迹。那就成了世俗所说的，不自觉的动作了。

因为如此，使人对于经常出现的行为，在开始的时候就需要注意，以免形成某种习惯而牢不可破，教育里尤其应注意这件事实。

在前面谈行为的时候，曾经把本能的行为排除，这里谈习惯，却要把和本能有关的列入了。原因是本能的行为，毋须学习，是一生下来就会的，是指活动的本身。习惯却全然是学习的活动方式，这一类的学习，可以使天生本能的活动，进入一种定型的方式中，因而对于本能行为的某种方式，可以任其自然的重复出现；也可以加以改变，使其经由另一种方式出现。

自婴儿出生说起，可以由行为方式而成为习惯的，有饮食、睡眠和排泄等最主要的三项。这三项方式，照婴儿的需要说，自然饿了就要

吃，吃饱了就停止；困了就要睡，睡足了就会醒来；食物经过完全消化就要排泄为大小便。当然婴儿本身基于其生物性，有伴随着的调节和适应作用。而且随着生长，需要的次数和数量也会改变。但是也由于父母的养育方式，使婴儿在这些本能的行为方式上，产生了变化，并且增加了若干伴生的行为。例如母亲哺乳时如果经常使婴儿躺卧在床上，则可以使婴儿成为一定要躺在床上才肯吃的习惯；如果母亲经常把婴儿抱在怀里哺乳，便会使婴儿养成一定要由母亲抱起后才肯吃的习惯。其实婴儿在饥饿时所需要的，本是乳汁，在这两种情况的任何一种中，都会得到，然而却因为母亲所用的方式不同，而给婴儿建立了不同的习惯。其余的可以类推。这里称这一类的习惯，是和本能有关的习惯。对于这类习惯的养成，站在教育的立场上，便不能忽视了。因为习惯所关联的虽然是本能的行为，在习惯的建立上，却是学习的范围。

婴儿期以后，年龄越长，所形成的和本能有关的行为方式也就越多，也可以说这类的习惯将与日俱增。

如前所说，吃的动作是本能，动作的方式则可以成为习惯。于是待到儿童会自己取食以后，取食的动作方式便可以成为习惯了。就在这个阶段里，某些生活习惯将渐次形成，而且常依一个社会中流传的习惯为方式的模型。那么在文化进步的社会里，有进食时的仪态，譬如取接近自己的食物，从容地放进口里，然后细嚼缓咽是文雅的仪态，每食都如此，便成了文雅的、为社会所赞许的饮食习惯；反之，倘若任意满座去挑选，抢到自己喜欢吃的东西便大口吞咽，并且在咀嚼时发出声音，久而久之，也就成为个人进食的固定方式，在不知不觉中显露出来，成为为社会所轻蔑的习惯。加上一个社会的文明状况，取食时利用工具以后，若再用双手抓取，置餐具而不用，不如此便似乎食不甘味，便也成了为这个社会所不能接纳或容忍的习惯了。

由本能到习惯，原只在于行动方式，是由学习而来。可是到习惯形成以后，习惯的力量却不在本能之下。这是就习惯形成以后的力量而言，和赫尔（Clark L. Hull,1844—1952）在习惯形成中所说的习惯的力量不同。①

---

① Hull，C. L. *A behavior system.*（U. Yale，New Haven，1952）

说习惯形成之后，其力量不在本能之下，是此时的个人，处在一种情况之中：一方面是这项行为方式，如像出诸自然，不但不由自主，而且不在知觉之中；另一方面是如果不由这项方式而行为，便如同受到像本能需要得不到满足时的挫折一般，感到异常不适。

在第一种情形中，如果纯属机械性的行为方式，也就是说完全属于动作的，若不照着习惯的方式活动，不但阻碍活动的进行，减低活动的效果，甚至于使这项行为，根本就无法开始。例如习惯于在起步时先迈动左足的，若使其从右足开始，便会延迟其开始的行动，因为他必须先站定了，由中枢神经命令右足行动，才能完成；否则可能成了双足在原地交换动作一番，而没有迈出这一步。这只是一个最简单的情况而已。至于习惯之由于生理机能的，如左右手的应用者，将更感困难。倘若是因药物作用而产生的习惯，其力量便更加强大了。

第二种情形是习惯内在化以后，已经成为人的一部分。如果不容许这种行动方式出现，便等于是阻止他这个人的出现，或是有驱除他的意思。其后果是给这个人造成心理上的伤害，等于是否定了他的“自我”，而一个人“自我”的被否定，尤其是为自己所否定，不但不能接受，而且无法容忍。在这种状况中的个人，和他的习惯不但密不可分，而且可能已经产生了感情——爱好这个习惯。事实上，一种行为方式之所以能够成为定型，可能是“日久情生”，也可能是由于开始时就爱好这种方式，才成为定型的。

第 二 篇

学习篇

我国著名教育家叶圣陶先生指出：“教育是什么，往单方面讲，就是培养良好的学习习惯。”中小学阶段是儿童走出家庭、接触社会、了解生活、学习知识的阶段，同时也是基本道德观念、心理素质开始形成的阶段。在这个时期，儿童的身心发展速度很快，接受新事物的能力也很强，良好的学习习惯一旦养成，将有利于孩子提高学习效率，学会独立生活，以合理、得体的方法处理各种事情。

对于孩子的习惯培养，教育者要有耐心、坚持不懈，“严”有尺度，“教”有方法。在这一篇里，蒙台梭利为我们讲解如何“培养孩子的想象力”，马卡连柯为我们讲述“文化习惯的培养”，胡适为我们讲述“读书的习惯重于方法”，魏书生、李镇西为我们讲述如何培养孩子的学习习惯，等等。

养成良好的思维习惯[①]

〔英〕塞缪尔·斯迈尔斯

拥有健康体质是必要的。但也必须认识到，教导学生养成思维的习惯同样是至关重要的。“劳动高于一切”这句名言只有在掌握知识的前提下才是真理。

学习之路对所有能把劳动和学习有机结合的人都是同样畅通无阻的。世上没有什么困难大到不屈不挠者都无法克服和解决。还是凯特顿出语惊人：“是万能的上帝创造了人类，而如果人选择了困难，他们也将无所不能。”学习和经商一样，能力只是重要的因素之一。我们不仅要趁热打铁，而且在此之前也要不停地敲打，一直使它变热为止。

精力充沛和持之以恒的人细心利用每一点机会，在懒散者所不屑珍惜的空闲时间里靠自学而获得的成绩之大是令人惊异不已的。凭着这种精神，弗古逊身上裹着一张羊皮爬上高山，仰望苍穹学习天文；斯迪在做雇佣园丁时学习数学；德鲁在修鞋的间隙中学习深奥的哲学理论；而密勒则在采矿场做临时工的时候自学了地理。

众所周知，乔舒亚·雷诺兹爵士相信勤奋的力量。他坚持认为所有孜孜不倦勤勉不辍的工作者都将是优秀而出色的；辛劳乏味的苦工是造就天才之路，艺术家技艺的纯熟是无止境的，而有止境的是他自己付出的汗水。他并不相信所谓的灵感，只相信学习和劳动。他说：“只有劳动，才配得上优秀这一殊荣。”“如果你有不凡的才能，勤勉将不断提高

① 选自《自励》，〔英〕塞缪尔·斯迈尔斯著，刘振北编译，金城出版社，2004 年 4 月。

它。如果你才能平庸，勤勉会弥补它。被正确引导的劳动不会付之东流，而不付出劳动则必将一无所获。”福韦尔·柏克斯顿爵士也同样相信学习的力量。他谦虚地戏言：只要付出双倍的时间和努力，他将和其他人一样出色。他充分相信平常的方法和不寻常的运用。

罗斯博士曾说：“一生中我认识好些个人，我相信他们的天才有朝一日终会被人们认可，而他们全都是勤奋而坚毅的人。每一伟大的成就都是无数次练习准备的结果。才能来自劳动。任何成就都不是唾手可得的。甚至连走路，一开始也是举步维艰。

全面性和准确性是学习上必须达到的两个目标。弗朗西斯·霍纳在为自己的学习制订规划时，特别强调完全掌握一门学科内容必须养成持续不断运用的习惯。他瞅准一个目标，把注意力只集中在几本书上，并且坚决反对任何散漫杂乱的读书态度。对任何人而言知识的价值并非在于它的数量多少，而主要在于它能得到很好的运用。因此在实际运用中，有一点准确而精细的知识往往比泛泛的、肤浅的知识更有价值。

伊格诺蒂乌斯·劳拉有一句名言：“一次做好一件事情的人比同时涉猎多个领域的人要好得多。”在太多的领域内都付出努力，我们就难免会分散精力，阻碍进步，最终一无所成。圣·里奥纳多在一次给福韦尔·柏克斯顿爵士的信中谈到他的学习方法，并解释自己成功的秘密。他说：“开始学法律时，我决心吸收每一点获取的知识，并使之同化为自己的一部分。在一件事没有充分了解请楚之前，我绝不会开始学习另一件事情。我的许多竞争对手在一天内读的东西我得花一星期时间才能读完。而一年后，这些东西，我依然记忆犹新，但是他们却早已忘得一干二净了。”

智慧的多少并不在于涉猎领域的数量或读书的多少，而在于有目的地、适当地学习；在于学习某一学科时的思想集中程度；在于整个思维运动体系能遵循一贯的原则。艾伯尼西甚至持这样的观点：他的思想有一个饱和点，如果他填塞的东西超过这个极限，那它只好挤掉另外一些东西。谈到医学，他曾说：“一个人如果对他想做的事情有一个明晰的想法，那他在选择适于达到成功的方法时就绝不会含糊。”

有一个明确的目标最有益于学习，随时都将获得的知识付诸实践才能真正地掌握它。因此仅仅拥有书籍或知道在哪儿能找到所需要的信息，这是远远不够的。我们必须拥有符合个人实际能力的人生目标，并积极主动地为之做准备。自称家财万贯而兜里却一贫如洗不是真正的富有。我们必须亲自拥有足以应付任何情况变动的大量知识，否则在学以致用时，我们只能束手无策、一筹莫展。

果断和敏捷对学习和经商的重要性不言而喻。让年轻人习惯于依靠自身的力量，任由他们在童年时尽可能享受自由行动的乐趣，这些都有助于增强上述两种素质。过多的指教和限制会阻碍自立精神的形成，就像在旱鸭子胳膊上的气囊一样，想随意漂流却被早早地束缚住而最终与之同归于尽。

自信的匮乏可能是阻碍进步的更大原因。据说，人生中一半的失败是由于缺乏自信心、畏于尝试。约翰逊博士早已习惯于把他的成功归因于自己自信的能力。适当的谦虚是与正确评价自己的优点相容的，谦虚并不意味着否定所有的优点，尽管有这样一些人，腹中空空却好自欺欺人。自信的缺乏继而导致行动上的不果断，这是性格上的缺陷，尤其阻碍个人的发展进步。收获甚微的原因一般都在于尝试不够。

绝大多数人一般都希望获得自学能力，但却对不得不付出努力甚为反感。约翰逊博士坚持认为“当代人的毛病是学习上缺乏耐力”，这句话的确一针见血。我们或许并不相信学习有什么“贵族式”的途径，但是我们似乎相信有一种“大众化”方法。

在学校里，我们总想发明一种省力的学习方法来寻找通往科学大门的终南捷径。我们通常以省力的方式得到一点点皮毛知识，学化学就靠看几次有趣的实验，看见绿水变成红色的了，磷粉氧化而燃烧，我们就得到这点皮毛，而就这点皮毛的大部分可以说一无用处。

年轻人期望靠这种方法而获得知识，这与真正的教育是格格不入的。这样的学习虽然费了脑筋，却不能提高智力，当时给予刺激，使年轻人产生一种对知识的渴望和小聪明，但是，由于缺乏比娱乐更高的目的，它终究是没有真正好处的。在这种情况下，知识只是一种过眼烟云般的印象，仅是冲动一时而已；实际上这种只诉诸感觉而没有深层挖掘的方式就是享乐主义的表现。因此许多只能被活力和独立性激起的最出色的思想，现在却在沉睡着，很少被生活召唤过，除非大难突然降临，它才会从睡梦中惊醒。

习惯于借娱乐以获取知识的年轻人很快就会排斥勤奋的学习方式。为了在运动嬉戏中学到知识，他们急功近利、急于求成，扎实的精神随着时间的推移烟消云散，取而代之的是思想的肤浅和性格的软弱。罗伯特曾说："东张西望的学习方式和吸烟一样伤神，而这也正是其长期蛰伏的原因。它最使人滋长惰性，也最使人软弱无能。"

这种恶习以各种各样的方式存在着，正不断滋长着。它像个隐藏了形迹的淘气鬼，对脚踏实地的劳动深恶痛绝，使人意志消沉。如果我们聪明的话，就应该向先辈们一样，勤耕不辍。因为劳动仍然是而且永远是取得成就的代价。我们必须有的放矢地工作，并且耐心地等待。所有最好的进步都是渐进的，但是信心满怀且积极热情的人，报酬无疑会适时来临。一个人日常生活中就表现得很勤奋，他的尊严威望必将逐步提高，能力也会日益增强。但是还要持之以恒，因为自学是永无止境的。

只有适当地运用造物主赋予我们的才能，方能博得他们的敬重。正确合理运用一种才能的人比同时拥有 10 种能力的人更受人尊敬。确实，拥有很高的才智和拥有世袭的巨额财产一样能体现个人的优越。那些能力是怎样运用的？这就像问那笔财产用来做什么？一个人可能积累大量的知识却一无用处，但是知识必须与仁智相联系，并且体现出高尚正直的品格，否则便毫无意义。斯特罗兹甚至坚持认为智力训练就其本身而言是有害而无益的，所有知识之根必须根植于受正确引导的意志之中。

知识的获取确实可以避免一个人在生活中走上邪路，但一点也不能防止自私自利，自私自利只能靠正确适当的原则和习惯来纠正。在日常生活中我们会发现许多这样的事例：学识渊博的人，性格却完全扭曲变形了；饱读经书的人，却毫无实际能力，不能灵活机变，只会亦步亦趋；"知识就是力量"不时挂在嘴边的人却往往成了狂热者、专制者和野心家。除非受到明智的引导，不然知识本身只能使恶人变得更险恶，而社会有了他们，恐怕就比地狱好不了多少了。

或许，在当今时代，我们夸大了文化教育的重要性。我们已习惯地认为，因为有了众多的图书馆、科研机构和体育馆，我们就在不断地发展进步着。但是这些设施在辅助自学的同时却也往往阻碍个人达到自学的最高境界。有任意使用的图书馆未必博学，正如富有未必慷慨一样。无疑我们拥有伟大超凡的设备，但同样无疑的是，一个人只有通过自己的观察、注意、坚韧和勤勉才能更加明智通达。

纯粹的占有知识与明智通达是大相径庭的，后者遵循一种更高的原则，而不仅仅是阅读——一种往往沦为对他人想法的消极接受的方式，其中很少或者根本就没有积极主动的思维活动。这样的阅读只能像慢斟细饮一样使人日渐沉溺，只能激发一时之情感，而对思想的充实和性格的塑造没有丝毫效果。许多执迷不悟者还抱着这样自欺欺人的想法，以为他们正在培养自己的心智，而其实却不过在从事着一种低级的消磨时光的游戏，其好处最多也莫过于因此使得他们没有时间去做更恶劣的事情罢了。

还有一点也应时刻铭记于心：书本中获得的经验，尽管可贵，本质上仍只是知识的积累；而取之于生活的经验才是智慧之源，其价值远远超出了前者。伯林布洛克爵士说得好："任何形式的学习都既无法直接亦无法间接地使我们成为更优秀的人，它充其量不过是一种精巧却华而不实的闲时之戏，而以此获得的知识无非是一种可敬的无知而已。"

良好的阅读尽管有益，但也不过是启迪心智的众多方法之一，比起实践经历或榜样对塑造个人性格的影响来要逊色得多。远在文化普及大众之前英国就孕育出了许多智慧、勇敢而诚实的志士仁人。《大宪章》就是由一群不通文墨的人们用他们自己的符号写成的。尽管他们并不谙熟以文字表达原则之道，他们却懂得如何理解、尊重并勇敢地捍卫这些原则。就是这一群没有文化却具有无比高尚人格的人们为英国的自由奠定了基础。

必须承认的是，教育的首要目的并非仅仅是灌输他人的思想，成为他人思想的奴隶和接收器，而是要拓展个人的才智，使自己能够在任何生活境遇中坦然自若、应付自如。许多在这方面最为成功的人士很少读书，勃兰得利和史蒂文森直到成年才学会认字，但他们却建立了伟大的功绩，铸就了辉煌的人生；约翰·韩特尔 20 岁时尚不识字，但他做的桌椅却能与最好的木匠媲美。"我从不看这个，"这位伟大的解剖学家曾在一次课堂上指着某一门学科的书说："假如你想在你的专业领域里作出成就的话，你必须懂得这一点。"

因此，重要的并非是你掌握了多少知识，而是你掌握知识的目的。掌握知识的目的应该是韬光养晦、塑造性格；应该是为了使我们更好、更幸福、更有用；让我们以更大的善性精力百倍地去追求人生的崇高理想。“当人们一旦陷入一味欣赏崇拜的恶习之中，任其蔓延滋长，而从不关心道德品性——宗教理念和政治信仰即是道德品性的具体表现——那么他们就会堕入万劫不复之境。”我们必须自己去成为、自己去做到，而不仅仅满足于看别人的东西，思索把玩别人曾是如何、又曾做过什么。让我们把生活当做最好的启迪，将行动视做最好的思想；至少我们应该能够像利希特那样宣称：“我已尽己所能，无愧于心了，任何人都无法再向我要求做得更多。”因为在上帝的帮助下，根据自己肩负的责任和天赋的才能磨砺自己，这是每一个人的神圣义务。

自律与自制即是实践智慧之始；而它们又扎根于自尊；希望——力量伴侣，成功之母，即是源于自尊。最为谦逊之人或许会这样说：“尊重自身，发展自身，这是我生活中真正的义务所在，我感谢社会及其缔造者惠赐于我人之躯体，必不滥用之，使我融入社会这一伟大的体系成为其中不可或缺的一分子。我必将努力去恶扬善，使自己的品性尽善尽美。”自尊，亦即推己及人，而他人也必将尊重推及我身。相互尊重，方有公正与秩序。

自尊是一个人所能穿饰的最高贵的外衣，最能使心灵净化，思想升华。费赛格罗最充满智慧的一句格言是他在其《金玉良言》中要求学生去做的“尊重自身”。在这一崇高理念的指引下，他不会因淫欲而堕落肉身，也不会为奴性而玷污心智，这一品行，推及日常生活，便体现于各种各样的美德之中——洁净、庄严、贞洁、道德高尚和宗教虔诚。

弥尔顿曾言：“虔诚而公正地尊重自身乃是一切有价值的美德之兆始。”思想上的自贬非但是贬低自身，同样也会导致贬低他人，而思想如此，行动上也必然如此。当一个人往低处看时精神便不能振奋，要振奋精神必须昂然仰视才行。恰如其分的自尊让最卑贱之人傲然站立，而贫困也必因之而备显高尚。一位身陷困厄却矢志不移的勇士着实令人敬佩不已。

太狭隘地将自我修养仅仅理解成一种“过活”的方法未免太玷污它了，以这种狭隘的观点看来，毫无疑问教育是时间精力的最好投资之一。无论在哪行哪业，智力都能使人更易于适应环境、改进工作方式，并使之在任何方面更显出类拔萃。善于同时运用双手和大脑进行工作的人目光更加敏锐，他会感觉到自身力量倍增——或许这是人类心智所应珍视的最令人愉悦的感觉。自立自强的力量会与日俱增，一个人的自尊越强，就越能抵抗低级趣味的诱惑。他将能怀着一种崭新的兴趣看待社会及其运作；他将更富于同情之心，怀着同样的兴致为他人、更为自己工作。

然而，自我修养未必会带来我上文多次提到的功成名就。一切时代的绝大多数人们，无论其受过何等的启迪，都必然要从事自己平凡的职业。任何能够授予普通大众的自我修养恐怕都无法使人摆脱必须完成的社会日常工作。但我们认为，从具体的事务中摆脱出来其实也并非不能。我们可以用高尚的思想使琐细的劳动、艰苦的条件升华，而无论贵贱贫富。因为无论一个人是多么贫穷或卑贱，也可以与伟大的思想家为伴，时常邀其促膝谈心，而他绝不会介意寒舍之鄙陋不堪。

于是，良好的阅读习惯便成为最大的快乐之源和自我完善之途，潜移默化地影响着一个人整个的性格与行为。尽管自我修养未必会带来财富，但它却给人带来了与高尚的思想为伴的机会。一位贵族可以轻蔑地问一位智者：“你的所有哲学到底给你带来了什么？”而智者的回答是：“至少我获得了心灵的宁静。”

养成良好的读书习惯[①]

［美］奥里森·S. 马登

忠告：有目的地看书，意识到自己的知识面正在拓宽，意识到我们正在摆脱无知、狭隘和所有蒙蔽心智、阻碍进步的东西，还有什么能比这带来更大的好处呢？

如果你想陶冶自己的情操，培养一种高尚的兴趣爱好，增加自己的知识面，那么就开始阅读好书和好杂志吧！而且要坚持每天阅读。开始不要有太多的阅读量，因为这样会使你感到很累，每次读一点，但每天都要读一些，不在乎阅读量有多少。如果能持之以恒，你很快就会获得一种全新的兴趣——读书习惯。慢慢地，这种习惯会给你带来丰富的知识和纯真的快乐。

在一所健身房里，经常能见到一些漫不经心的人，他们不是按照正规的训练系统去锻炼身体，而是散漫地在器械之间走来走去。有时练一两分钟举重，有时拿起哑铃又扔下，有时又在双杠上锻炼一两下，就这样一点点耗掉时间和体力。这些人与其这样，还不如不参加锻炼，因为他们没有意志力，不够坚韧，这使得他们不但没有锻炼身体反而减弱了肌肉的活力。一个想通过体育锻炼强壮自己身体的人必须要系统的训练，而这就需要坚定的意志力。他必须坚持不懈，否则，是不会有强壮的体格和健康的身体的。

① 选自《人生的忠告》，［美］奥里森·S. 马登著，肖卫编译，金城出版社，2002年6月。

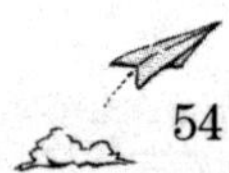

体格健身和精神健身只是形式上的不同，但两者必须要有系统性。这可不是读书时只浅尝辄止的人——不是那些随意乱看一气、不加选择地、漫无目的地翻着页码就草草看到结尾的人能做得到的——应该通过阅读来加强和发展心智。

要想从阅读中有所收获，你就必须抱着明确的态度去读书。坐着躺着，懒散地读书，除了浪费时间以外别无用处，这样只会使人懈怠。

当你感到很累，一定不要去看那些只有集中精神才能读懂的书，要尽量避免出现这种情况。如果你这样做，你将一无所获。读这些书，一定要做到精神饱满、聚精会神。这对防止精力不集中是很有用的。现在，由于书籍越来越多，很多人看书都不那么认真了。

有目的地看书，意识到自己的知识面正在拓宽，意识到我们正在摆脱无知、狭隘和所有蒙蔽心智、阻碍进步的东西，还有什么能比这带来更大的好处呢？

高效率的阅读必定是全神贯注的阅读。一个人在看书时，应当全身心地投入到书的内容中去。

消极阅读比随意阅读更为不利。仅坐在健身房里并不能锻炼身体，同样，消极阅读也不能有所收获。当思想麻木，精神不集中、散漫无际时，阅读只会浪费精力，磨损意志，弱化智力，使大脑迟钝，使人不能把握重大问题和疑难问题。

你从书中获得的东西可能是你自己领悟到的体会，而并不是作者的思想。如果不能把握自己的思想，如果你读书的目的并不是来自于对知识、对更为深广的文化的渴求，那么你肯定不能从书中获得最大的收获。但是，如果你那干渴的灵魂像吸吮甘露一样啜饮作者的思想，那么你的潜力和尚未挖掘的能量，就会像土壤里延迟发育的幼芽和种子那样，终会绽放出新生命来。

你应当像卡莱尔、林肯、像那些从读书中获益的伟人那样读书——整个思想都浸润在书本里，全神贯注，而不管书外的环境。

约翰·洛克曾经说过："我们只是从阅读中找到了一些知识素材，然后思考所读的内容把它变成我们自己的东西。"

要从书中获得最大的益处，读者还必须学会思考。仅仅熟悉一些知识并不等于得到了它的精髓。用毫无用处的知识来填充大脑无异于往我

们的房子一个劲地塞入家具和摆设，直到我们自己没有栖身之地。

食物只有被消失并被身体充分吸收，变成血液、大脑和其他组织的一部分后，它才能化为体力、智力和肌肉。同样，知识只有被大脑消化吸收，成为你自己思想的一部分后，知识才能为你所用。

如果你希望吸收书本上的知识，除了看书要集中精力还要形成这种习惯：看完书后，坐着想一想，或是站起来走一走，想一想——一定要思考，要沉思，要遐想。要在脑海中反复思量书本上的知识。

书籍中的知识只有被你的思想吸收，被溶入你的生命，它才真正属于你。你刚开始读它的时候，它是属于作者的。只有当它成为你的一部分时，它才是你的。

很多人认为只要他们持之以恒地读书，只要在任何空闲时间都去读书，那么他们一定会变得知识丰富、智慧通达，其实思考比阅读重要得多，沉思、默想我们读到的书本，就如消化吸收我们所吃的食物一样。

有些人只会不停地给自己灌输知识，不停地阅读，但是他们从不思考。当稍有空闲时，他们就会埋头阅读。也就是说，他们总是在吞食精神食粮却从不消化吸收。

有一个年轻人几乎阅读成癖，他手头总是拿着一本书、一本杂志或是一张报纸。他总是在阅读，家里、车上、火车站里，他获得了许多知识。他对知识有着强烈的渴求，然而他的大脑却被永无休止的填鸭式阅读给弄迟钝了。韦伯斯特儿时，书籍特别少，也很珍贵，他从未想过书只会被读一次，而是认为它们应该被刻入大脑，被重复阅读直到完全溶入他的记忆。

伊丽莎白·布朗宁说：“书的阅读量应该与我们思考成比例。我想，如果我能少读一半的书，我会更聪明些，会有更出众的才能，会有更高的鉴赏力。”

心平气和的人更能认真阅读，他们想得更深入，思考得更多。他们读得不多，但他们是更好的阅读者。

读书、学习时你都应该集中精力，就像你在磨刀石上磨斧子，为的不是使石头怎么样，而是使斧子变得更锋利。

培养孩子的想象力①

〔意〕蒙台梭利

假如想象的真正基础是现实，而且一个人的感知能力与其观察的精确程度关联极大，那么，培养儿童想象力、使他们准确地感知周围事物所必需的材料就显得十分重要了。另一方面，让他们在严格界定的范围内进行推论，对他们进行将不同事物区别开来的智力训练，则为他们想象力的建立奠定了坚实的基础。这一基础打得越牢，他的想象与某种具体形式的联系就越紧密，它也便越能与独立的意象建立起合乎逻辑的联系。任何夸张或粗糙的幻想不能使儿童走上正轨。我们只有做好了充分的准备，才能开掘出一条壮丽奔腾的江河，供智慧之泉在里面流淌。只有这样，它所涌出的泉水才不至于泛滥，不会损害内在秩序之美。

在培养儿童想象力的过程中，我们绝不要阻止他们自发进行的那些活动，即使这类活动像涓涓细流一样十分渺小。我们的任务是“等待”。我们切莫欺骗自己，自认为自己能“创造智能”。我们除了“观察和等待”草叶的萌芽和微生物的自然裂变，别的什么也不要去做。

我们必须记住：创造性想象只要不是一种虚无缥缈的幻想，不是一种幻觉或错误，它就会在坚实的岩石上建起一座金碧辉煌的宫殿，智力的开发就有了坚实的基础。

人们通常认为，幼儿的一大特征是想象力极为丰富，为此，我们应采用一种特殊的教育方法来开掘这种特殊的禀赋。还有人认为，儿童喜

① 选自《发现孩子》，〔意〕蒙台梭利著，胡纯玉译，中国发展出版社，2006 年。

好在虚无的、令人痴迷的世界遨游，就像原始人一样，他们总是被迷人的、超自然的和虚无缥缈的东西所吸引。对此，我们要指出的是，实际上在任何情况下，这种原始状态都只是暂时的，会被其他状态取而代之。对孩子的教育应当帮助他们克服这种状态，而不延伸或发展这种状态，甚或让他们停留在这种状态。

我们确实可以在孩子身上发现某些与原始人相似的特征。例如，在语言方面，他们的表达十分贫乏，只具备一些表明具体意思的词汇；他们用词非常笼统，一个词往往被用于表达几个目的或表示几件东西。但是，我们不能人为地对之加以限制，或有意加以提速以让他们快速通过史前期。

与那些永远停留在虚幻状态的人相比，我们的孩子则属于完全相反的一种类型。他们对伟大的艺术作品极感兴趣，对科学文明津津乐道，沉浸于需要丰富想象力的作品里，我们应为孩子的才智成形提供这样的环境。在智力发展的蒙胧阶段，儿童为一些奇妙的幻想所吸引是很自然的事。然而，我们不能以此否定：孩子是我们的未来。他们应青出于蓝而胜于蓝。为此，我们对孩子想象力的发展切莫过分控制。

婴儿大脑的创造性活动现已被认为是孩提时代的重要活动，甚至被普遍认可那是一种创造性想象。正是通过这些活动，孩子赋予了那些他们所感兴趣的东西以赏心悦目的特征。

我们都见过，当孩子骑在父亲的手杖上时，他就感觉像真正骑在马背上一样，这就是孩子具有丰富“想象力”的证据。当一群孩子在建造一辆椅子和扶手齐全的四轮豪华马车时，他们感受到了多大的乐趣啊！建成后，一些孩子仰靠在马车里，心情愉悦地欣赏着他们所虚构的车外景色，还身临其境似的向欢呼的人群鞠躬致意；另一些孩子则坐在椅背上，抽打着想象的烈马，鞭子在空中挥舞。这是孩子具有“想象力”的又一例证。

但是，当那些已经拥有小马驹、习惯于在马车或轿车里进进出出的富家子弟看到这一情境时，他们会用轻蔑的眼光看着这些如此兴高采烈东奔西跑的孩子，他们会对这些穷孩子的举动非常吃惊，甚至会用这样的语言来奚落他们：“他们太穷了。他们这样做是因为他们没有马，没有马车。”我们不能为了教育富家子弟，而将他的马驹牵走，给他一根手杖。同样，我们也没有必要阻止穷人的孩子对手杖或马车的幻想。一个穷人或乞丐，当他潜入富人家的厨房，闻着扑鼻的香味，从而想象自己正就着他的面包吃着丰盛的菜肴，谁又能阻止他这样幻想呢？与此类似，当一位穷困潦倒、深爱自己孩子的母亲把仅有的一片面包分成两块，分两次给他，并对他说："这是面包，这是肉！"时，孩子会心满意足地以为自己在吃面包的同时也吃到了肉。有人曾这样十分认真地问我："当一个小孩在不断地用手指在桌上比画着想象在练琴时，我们真的向他提供一台钢琴，这是件好事还是件坏事？""为什么会是件坏事呢？"我反问道。"因为假如我们这样做了，孩子无疑能学会弹琴，但他的想象力就得不到原先的锻炼了，我不知该怎么办？"他的这一担心确实有一定道理。

福禄培尔的一些游戏就有这样的问题。比如，将一块积木递给孩子，告诉他："这是一匹马。"再将积木按一定的次序摆好，又对孩子说道："这是马厩。现在让我们把马放进去。"然后再把积木重新排列，对他说："这是一座塔……这是一座乡间教堂，等等。"在他的这类练习中所使用的是实物（积木），就不像前例中被当做马匹的手杖那样容易引起幻想，孩子在向前移动时，可以骑手杖，可以抽打手杖，他会产生丰富的想象；而用马建塔和教堂则只会使孩子们的头脑更加混乱。更为严重的是，在这种情况下，从事创造性想象的、用头脑工作的已不是孩子，他们这时只是在按照教师的提示去做而已。孩子是否真的认为马厩变成了教堂，他是否在开小差，谁也无法知道。这时，他不得不潜心琢磨教师所提示的一连串电影式的意象，尽管这些意象只存在于同样大小的积木之中。

我们在这些尚未成熟的头脑里到底培养了些什么呢？通过这种教育方式，的确有人将树当做了王位对之发号施令，有人甚至相信自己即是上帝。正是这种"错误的知觉"成了形成错误判断的开端，并会成为神经错乱的并发症。正如精神病人什么也干不了一样，那些因欲望未得到满足而表现得狂躁不安的孩子，既不能为别人也不能为自己做任何事情。

我们成人总企图用一种让孩子将虚幻当做现实来接受的方法来发展其想象力。比如，在拉丁语国家，大人们是这样对孩子们讲述圣诞节的

故事的：一位名叫比瓦娜的丑女人越过墙垣后，便从烟囱钻进屋子里，把玩具送给了那些听话的孩子，那些调皮的孩子就只能得到煤块了。在盎格鲁—撒克逊国家，圣诞节的故事则是另外一种情景：一位浑身沾满白雪的老人挎着一大篮子玩具，到了夜间，他便进到孩子们的房间，把这些玩具分发给熟睡的孩子们。这种方法怎么能培养起孩子们的想象力呢？故事所表现的是我们的想象力，而不是孩子们的想象。他们只是相信而已，这里没有想象。我们之所以这样对待孩子，是因为我们只需要他们轻信我们即可。轻信确实是那些尚未成熟头脑的特征，他们的头脑因为缺乏经验，也不具备现实的知识，因而缺乏辨别真理与谬误、美丽与丑恶、可能与不可能的能力。问题是，难道我们成年人仅仅因为他们处在无知、未成熟的年龄而表现出轻信，就企图在其身上培养轻信吗？这是绝对错误的。想想看，我们成人也有轻信的毛病，这是在与智慧作对。它既不是智慧的基础，也不是智慧的结果。只有在愚昧的状态下，轻信才会萌芽和增长。我们把愚昧看做是轻信的标志。

有一则流行于17世纪的、颇具讽刺意味的故事。当时，在巴黎的新桥是供行人行走的通道，也是人们休闲、集会的地方。这样，许多江湖骗子和庸医也难免混迹于此。其中有一个名叫马里奥罗的江湖医生，他就在那儿兜售一种号称来自中国的药膏。他吹嘘说，这种药膏可以使眼睛变大，嘴角变小；使短鼻子变长，长鼻子缩短。萨丁警长为此将这个江湖医生拘留起来，并审问了他：

“马里奥罗，你是怎么招来这么多人，为自己招摇撞骗提供方便的？”

“先生”，马里奥罗回答道，“你知道一天之内有多少人要经过这座桥吗？”

“10～12万人吧。”萨丁回答。

“是啊，先生，你想过没有，他们当中聪明人又有多少呢？”

“100个差不多吧。”警长答道。

“这是最乐观的估计，”骗子说道，“不过就算如此吧，我还可以在其余9900人中找到机会啊。”

当然，我们可以说，现在的情况比那时强多了，现在的聪明人比过去多多了，轻信者也少多了，但更重要的是，教育不应让人走向轻信，

而应灌输给他们智慧。谁将教育基于轻信之上，谁就是想在沙漠上建高楼大厦。

在此，我记起一则在社会上重复过成千上万次的故事。有两位出身高贵的公主，为了免受命运安排给他的优越生活的诱惑和虚荣的折磨，她们决定到一所修道院去接受教育。在修道院的日子里，修女们告诉她们，这个世界充满了虚伪，不信可以试试看，当有人夸赞你们时，你们可以试着躲起来，听听他们在我们不在时他们会说些什么，也许他们会诅咒你们。随着这两位年轻的公主到了可以参加社交的年龄，她们便第一次在一个晚会上露面了。很自然，所有来宾都不吝言辞把这两位迷人的姑娘大大夸赞了一番。面对此情此景，两位姑娘想验证一下修女的话，她俩藏进客厅里一间用大帘子遮掩着的凹室里，想听听人们在背后说些什么。令他们惊奇的是，当这两位美人儿一离开，对她们的赞誉不但没有消失，反而更甚。在这一瞬间，两位修女感到非常失落，抱怨修女们所说的一切都是虚假的，并当即宣布不再信仰宗教，又投入到尘世的欢乐中去了。

随着人们经验的积累和思想的成熟，轻信会逐渐消失。如果能对他们给予正确的指导，则能使人们远离轻信。无论是一个国度，还是一个具体的人，随着文明的进步，必将减轻人们轻信的程度。这就是人们常说的知识驱走了无知的黑暗的含义。在无知的地方，幻想最容易游荡，因为它缺乏能使之上升到更高层次文明的支柱。难道我们要在轻信的基础之上来培养孩子们的幻想吗？不是的，我们当然不希望看到孩子仍然那样轻信别人告诉的一切，事实上，当我们得知自己的孩子“不再相信神话”时，我们便会感到由衷地高兴。我们还为此夸赞他：“他已不再是个孩子了。”这一情形本应该发生，而且也是我们所期待的，孩子不再相信神话的那一天是一定会到来的。当孩子长大成人时，我们反倒应该问问自己：“在孩子成熟的过程中，我们到底做了些什么？我们给予了这脆弱的灵魂什么样的帮助？我们使他变得正直坚强了吗？”没有！实际的情况是，当我们想方设法使孩子保持幼稚、天真和充满幻想时，是他们自己战胜了困难。他们不仅战胜了自己，还战胜了我们。他们跟随自己内在发展与成熟的动力而行动，它们指向哪里，他们就跟到那里。他们甚至还对我们说：“你们把我们折腾得好苦啊！我们进行自我

完善的任务就已经够艰巨的了，你们却还要压制我们!”难道不是吗?!诸如，要他们紧咬牙关，不让牙齿长出来，因为我们将没有牙齿当做婴儿的特征；不让小孩站直身子，因为我们认为婴儿就是不能站立的等。事实上，我们甚至还在有意延长孩子们那贫乏的、不确切的语言阶段。我们并没有去帮助他们聆听词的清晰发音，观察他们嘴唇的变化，反而去学孩子的幼稚语言，重复他们那笨拙的发音，大着舌头发辅音，甚至把辅音发错。我们这样做的后果是极其严重的，它等于是延缓了孩子本来十分艰难的形成期，使他们倒退到疲惫的婴儿状态。

不仅如此，我们在想象力的教育上也扮演了同样的角色。

我们总是对那些幼稚的头脑在处于幻想、无知和错误状态时颇感兴趣，如同我们看到婴儿被抛上抛下时就非常高兴一样，甚至如我们对孩子们轻信我们向他们讲述的圣诞故事就感到快慰一样。我们真有点像那些贵妇人一样，尽管他们从表面上显得对收容所里那些贫穷的孩子感兴趣，而内心里却是另外一种心理：“如果没有这些病孩，怎么显出我们生活的愉快。”我们也会说类似的话：“假如孩子们不再轻信，我们的生活也将失去许多乐趣!”

我们这样做是在犯罪，我们只是为了自己取乐，而人为地阻止了儿童的一个发展阶段。这和那些野蛮的王国人为地限制某些人的身体成长，使其成为供国王消遣的侏儒一样。也许有人说这一论调有些耸人听闻，但事实就是如此，我们只是没有意识到而已。如果我们能克制自己，不再人为延长儿童的幼稚期，让他能够自由自在地成长，并赞叹他在成长道路上所取得的每一奇迹般的进步，我们就为儿童的完美作出了贡献。

如果真要培养婴儿的想象力，我们要做的第一件事就是让他们在成为事物主人的环境中生活，或用建立在事实基础之上的知识、经验来丰富他的头脑，让他们在此基础上自由地成熟。只有让他们自由发展，他们才有可能展示其想象力。

我们可以从最穷的孩子开始这一工作。因为他们一无所有，这样的孩子所梦寐以求的正是他们最不可能得到的，正如穷困潦倒的人梦想能腰缠万贯，受压迫者梦想得到王位一样。因此，一旦这种处境的孩子有了自己的“房子”、扫帚、橡皮、陶器、肥皂、梳妆台以及家具，他们

会非常高兴地照料这些家什。而且在得到这些他们梦寐以求的东西后，他们的欲望就会减弱，过上一种平静的、丰富自己内心的生活。

只有在有了真实的财富后，孩子们才会镇静下来，这样可以减少他因处于无益的幻想所消耗的宝贵精力。一位号称照我所说的方法去做的孤儿院教师曾邀请我去参观孩子们练习实际生活的过程。我去了，同去的还有一些权威人士。当我们到场时，一些孩子拿着玩具，坐在小桌子旁，正在给一个玩具娃娃摆桌子准备吃饭。但我们发现孩子们显得毫无表情。当我吃惊地望着那位邀请我来的教师时，她居然没有任何异样的感觉。很显然，在她看来，假想的生活与现实的生活就是一回事，孩子们在游戏中摆弄桌子吃饭与实际生活相差无几。正是这种在孩提时代灌输的错误，会慢慢发展成为他的一种精神态度。

意大利一位著名的教育学家曾这样责问我："难道自由是件新鲜事吗？请读一读夸美纽斯的著作吧，你将会发现，早在他那个时代就讨论过这个问题了。"我回答道："是的，很多人都讨论过，但与之不同的是，我所说的自由是一种真正意识到的自由。"这位教育学家在听了我的话之后，也许还未明白我所说的这两者之间的区别。如果我再补充一句："你难道不认为一个谈论百万财富的人与一个百万财富的拥有者是有差别的吗？"他就不会对此有异议了。

一个对假想心满意足的人，会把假想的东西当做真实的存在，他总是追求幻想，不"承认"现实，这种现象实在是太普遍了。更可怕的是，它居然还不为人们所意识。事实上，想象力总是存在着的，不论它是否建立在一个坚实的基础之上，是否有构筑它的材料。差别就在于，如果它不是建立在现实和真理基础之上，它就会成为压抑智力发展、阻止真知之光的负面力量。

正是由于这一错误，使人类已经或正在失去多少光阴和精力啊！不为事实所支撑的想象，就如同漫无目的的做功会消耗体力直到病倒、消耗智力直到着魔一样。

在多数情况下，学校是一个呆板、阴沉沉的地方。灰白色的墙壁、白棉布的窗帘，都会妨碍学生感官的松弛。学校之所以打造这种压抑的环境，其目的就是为了使学生专心致志地听教师讲课，以免他们因为外在的刺激而分散注意力。孩子们就这样每天一小时、一小时地在教室里

呆呆地坐着，一动不动地听老师讲课。他们在画画时只能依样画葫芦，他们所从事的活动必须遵从别人的指令，对他们个性的评定完全是基于他们被动的服从程度。

正如克拉伯雷迪所言："我们的教育在用一大堆对孩子行为毫无指导意义的知识来压迫他们。他们已无心听讲时，我们还在强迫他们；他们已无话可说时，我们还要强迫他们讲述作文与演讲；他们已毫无好奇心时，我们还在强迫他们观察；他们已毫无发现的欲望时，我们还要强迫他们去推理、论证。我们总是在强迫他们做这做那却从不征得他们的同意。"

孩子们在用眼读、用手写、用耳听老师讲课时，就如受苦役一般。他们的身子坐在那儿一动也不能动，但他们的脑子并没有做到专心思考。他们不得不努力跟着教师的思维转，尽管教师所依据的只不过是那随意设计、没有考虑孩子爱好的大纲。这样，那些飘浮不定的意象只会像梦境一样时不时地呈现在孩子眼前。教师在黑板上画上一个三角形，然后将它擦掉。该三角形只代表一个抽象概念的暂时视觉形象。那些从未亲手拿过实体三角形的孩子就必须用力记住三角形的形状。围绕着这个三角形，许多抽象的几何计算便接踵而至。像这样的图形只能使孩子一无所获。它不能与其他事物相混合而被感知，它永远不会成为灵感。其他任何事物都一样，目的本身就是疲劳的。这种疲劳几乎包括了实验心理学的所有努力。

孩子必须先有内心生活的创造，然后才能将其表述出来。为了创作，他们必须自然地从外界吸取建筑材料。在他们能发现事物之间的逻辑联系之前，对其思维必须多加锻炼。我们必须为孩子们提供他们内心生活必需的东西，然后让他们自由地创造。只有这样，我们就会遇见一个两眼闪闪发光、边走边思考、灵气十足的儿童。

我们必须关心和爱护作这样努力的孩子。如果有创造的想象力姗姗来迟，那说明孩子的智力还未发育成熟。此时我们不应勉强孩子进行想象的创造，否则就等于给孩子戴上了一副假胡子，实际上男孩子要到20岁才能长出真正的胡子。

忧虑是一种坏习惯[①]

〔美〕戴尔·卡耐基

如果你我不能始终保持忙碌——那么我们会坐在一处发愁——我们的头脑中会产生许多被达尔文称之为"胡思乱想"的东西。而这些东西就像古时传说的鬼怪一样，会掏空我们的思想，摧毁我们的意志力和行动力。

我认识一个纽约商人，他用"让自己忙碌起来"的方法来防止自己"胡思乱想"。他的名字叫做屈伯尔·朗曼——是我成人教育班的学生。他讲述的克服忧虑的整个过程非常有趣，给我留下了深刻的印象。于是，下课后我请他和我一起去吃晚餐。我们在一家餐馆一直聊到半夜，主题就是他从前的经历。

下面就是他告诉我的故事："18 年前，我因为过度忧虑而患上了失眠症。当时，我时常焦躁易怒，而且整日惶恐不安。我感到精神似乎快要崩溃了。

"我并非是无故担忧。我当时是纽约市百老汇大街皇冠水果制品公司的财务经理。我们公司投资了 50 万美金，制造一加仑装的草莓。20 年来，我们一直把这种制品卖给冰激凌制造商。可是，我们的销售量突然大跌。因为那些大型冰激凌制造厂的厂商，如：国立奶品公司等，产量急剧增加，为了节省资金和时间，他们都开始买 36 加仑一桶的桶装

① 选自《卡耐基励志成功学全集》，〔美〕戴尔·卡耐基著，孙达译，北方文艺出版社，2007 年 9 月第 1 版。

草莓了。

“这不单单是我们无法售出50万美元的草莓这么简单，依照合同规定，在接下来的一年里，我们必须继续购买价值为100万美元的草莓。而那时，我们已经向银行贷款35万美元了，我们既无法还清这笔钱，又不能继续买进草莓。无疑，我当然会感到忧虑了！

“于是，我急匆匆地赶到我们在加州华生维里的工厂，向总经理说明情况有变，我们也许要面临灾难性的命运。可是，他根本不肯相信。他说我们公司用人不当，把所有问题都归罪于那些可怜的推销员身上。

“经过几天的恳求，我终于说服了他不再使用原有的包装，而把新包装投放到旧金山的新鲜草莓市场上去卖。可以说，这样做几乎已经解掉了我的燃眉之急。因此，我理应不再忧虑了，可是，我依然很忧虑。有人说，忧虑是一种习惯，而我已不幸染上了这个习惯。

“在我回到纽约之后，开始对任何事情都感到担忧；我们在意大利购进的樱桃，在夏威夷购买的凤梨等，都使我每日忧心忡忡。我的情绪总是处在高度紧张状态，我的精神已处在崩溃边缘了。

“绝望中，我换了一种全新的生活方式，正是这种转变使得我的失眠症被完全治愈了，同时，也使我不再忧虑。我始终让自己处在忙碌的状态之中，而这需要投入所有的精力和时间，这样才能够使我没有时间去忧虑。从前，我每天工作7个小时，而现在，我每天至少要工作15至16个小时。我每天清晨8点钟就赶到办公室，一直工作到午夜。我接起新工作，担负起新责任，当我在夜里赶回家的时候，常常因疲惫不堪而一头栽倒在床上，几秒钟就会酣然入眠了。

“我坚持了大约3个月，彻底改掉了忧虑的习惯。而且，我又重新恢复了一天工作7至8个小时的正常状态。这件事发生在18年前。从那时起，我再也没有受过忧虑的困扰，也不再失眠了。”

乔治·伯纳德把情况总结起来说：“人们之所以会感到忧虑，完全是因为人们有时间去想自己是否快乐。”所以，想要彻底消除忧虑，根本无需去考虑这个问题，只要摩拳擦掌，使自己终日忙碌起来——你的血液循环就会加快，你的思想也会随之变得敏锐——让自己保持忙碌的状态，这是世界上治疗忧虑最便宜，也是最见效的一剂良药。

有效小技巧帮你改习惯[1]

〔美〕杰克·霍吉

生活在当今的美国，你完全可以得到想要的一切，只要你拥有两样东西：一个明确的目标，一份具体的计划。

"You can be anything you want to be in America today provided you have two things：a specific goal and a plan."

——阿尔·威廉斯(A. L. Williams)

一、目标的力量

在确定了自己希望改掉的习惯，并了解了如何改掉它之后，"告别坏习惯"的工作就被提上了你的日程。无数的研究结果一致表明，那些坚持为自己设定目标的人，比那些从不设定目标的人更容易获得成功。其中，由爱达荷州大学的达蒙·伯顿(Damon Burton)完成的研究发现，设定目标的人比不设定目标的人更成功，而且，目标让人们在以下方面得到了立竿见影的效果：

压力更小，焦虑更少；

更容易集中精力；

表现出更多的自信；

① 选自《习惯的力量》〔美〕杰克·霍吉著，吴溪译，当代中国出版社，2004年5月第1版。

更有效率；

总是表现优异。

事实上，最新的研究结果表明，善于设定目标的人不仅更容易成功，而且也更容易获得幸福。富兰克林·柯维(Franklin Covey)，一家以开设组织培训课程和个人培训课程而闻名的公司，最近委托研究机构Hase-Schannen Research，针对设定目标的威力以及影响目标实现的因素进行了调查。研究发现，人们对生活的满意程度与人们成功实现目标的能力之间表现出了直接的相关性。在给出生活满意度 8 分或以上（得分范围为 1 至 10，10 分代表非常幸福）的人中，经常为自己设定目标的人是不善于设定目标的人的两倍。“只要看一看研究结果，我们便不难发现，感觉自己生活幸福的人多是那些成功实现自己的设定目标的人”，富兰克林·柯维公司董事会副主席斯蒂芬·柯维(Stephen Covey)总结道。

显然，有效设定目标的能力将有助于我们改掉习惯。制定计划则将进一步提高我们改变习惯的成功率。

二、制定一个计划，并坚持

Hase-Schannen 研究机构的研究结果同时还表明，制定计划将极大地提高目标实现的成功概率：制定计划的人的成功概率是从来不制定计划的人的 3.5 倍。

在成功实现目标的人群中，事先制定计划者高达 78%；

在成功实现目标的人群中，事先没有制定计划的人仅为 22%；

除了制定计划外，坚持计划也是最终成功的一个关键要素。根据调查结果，那些坚持计划的人，比那些中途改变计划的人成功概率高出许多，具体来说，前者的成功概率是后者的成功概率的 5 倍多。

坚持计划的人实现目标的成功概率为 84%；

中途改变计划的人实现目标的成功概率为 16%。

三、把它大声说出来

一旦我们把自己的目标或意向告诉他人，它们将变得更加现实。我

们自己也会感觉到付诸实践是责无旁贷的。当我们的意向受到公众舆论或公众监督的制约时，我们往往感觉从前未曾有过的高度的责任感。这或许便是我们通常并不愿意将改变习惯的目标告诉别人的原因吧。如果我们对外宣布了自己的打算，却以失败而告终，那么，其他人便会了解这一切，无疑，这会让我们遭受的痛苦更加剧烈。但是，也正因如此，我们也可以通过告诉他人自己将改掉习惯来帮助自己坚持下去，而不轻易就放弃。

四、用笔记下前进的脚步

在我们大声说出自己的打算后，计划也将随着空气的流动而飘逝，并未留下永久的记录或证据表明我们自己说过什么。更进一步的研究发现，把自己的打算记录下来，将有助于我们坚持实现自己的目标。无数的研究结果表明，一旦我们将自己的目标和抱负变成书面的东西，我们将它们变成现实的机会便会大大增加。这是因为，在记录的过程中，我们头脑中的抽象思维需要转变成为具体的书面语言——这一过程让我们的计划和具体实施方法变得更加详尽更加现实。

就像告诉别人一样，把计划记录下来同样会让计划更加现实，也让自己强烈的感受到实践的责任感。除此而外，书面记录自己的计划还将因为它具有很强的确定性，而显示出更大的威力。这样，当我们以文字的形式书面记录下自己的计划之后，它便成为了一份长期存在的证据。它的存在无时无刻不在提醒我们，向着目标努力是自己无法推卸的责任。

不仅书面记录下自己的计划很重要，跟踪自己实现目标的进程也同样至关重要。同样根据 Hase-Schannen 研究机构的调查显示，在有助于人们成功实现目标的诸多要素中，首当其冲的便是“定期考评自己实现目标的进度”。正如富兰克林时间管理的发明人亥若·史密斯（Hyrum Smith）所说的那样：“在改掉某个习惯，或是改变某种生活方式的目标的过程中，建立一种方法来跟踪自己的进步，将极大地提高我们实现目标的成功概率。”

书面记录究竟有多重要？有人曾对哈佛大学的某个毕业班级进行了一项调查。80%的毕业生不曾有过明确的目标或抱负，15%的毕业生曾为自己设定了目标或抱负，但仅仅是想过而已，仅有5%的毕业生书面记录了自己的目标和抱负（拥有明确的行动计划的梦想）。毕业30年后，书面记录了自己的目标和抱负的这5%的毕业生，不仅超额实现了自己书面记录下的目标（以资产来衡量），而且，他们作为一个整体所拥有的净资产也远远超过了其余95%的班级成员所拥有的资产总和！

五、支持团队和最佳战友

在改变或培养好习惯的努力过程中，还有一个关键的要素，那便是他人的支持。亲人、朋友，或者同事，都可以成为支持、鼓励、激励你的人选，或成为友善的提醒者——他们完全有可能决定我们究竟是成功地改变生活的某个方面，还是继续糟糕的现状。

在我决定参加三项全能运动项目的时候，我的一位邻居恰好在进行其中的一个项目的训练，于是，我们决定一起训练。我们不仅相互鼓励、相互激励、相互提醒我们的共同目标，还感觉到了一种报答对方大力支持的责任感。甚至在我已经无法忍受凌晨5点起床到冰冷的水中练习游泳时，我仍然强烈地感觉到应该义不容辞地为了邻居而坚持。我不能让他失望。这一额外的激励常常让我超越自己，使事情呈现为另外一个模样。

六、在镜框上贴一张小纸条

究竟是让希望改掉的坏习惯继续它对我们的“黑暗统治”，还是在心灵的最前线积极培养良好的习惯呢？

正如我们在前面所探讨的那样，改变习惯的关键是，让我们的显意识与潜意识沟通交流，再对它进行必要的培训，最后调整出它的新程序。习惯归属于潜意识的调遣，在我们的显意识没有关注到潜意识，并着手训练和重新对潜意识进行编程之前，习惯就不可能改变。我们的显意识越频繁越持续地思考我们的新习惯，我们的习惯改变就会越快越容易。

我相信你肯定知道帮助我们记住事情的小技巧——“线索在手指间”。诸如此类的心理暗示的确能够为我们提供有效的帮助。正如我们在前面所提到过的，当我们考虑养成某种好习惯的时候，我们的大脑皮层——负责行动的大脑部分——将被激活。研究表明，在我们思考某种行为的时候，我们的大脑其实已经在开始实战性的“练习”了。我们还要记住，某个行为被重复的次数越多，它根深蒂固的程度就越高，即便这种重复只是发生在我们的脑子里。

我们不妨进行一下这样的尝试：在纸上写下我们希望养成的习惯，并把它贴到洗手池上方的镜框上。这样，在每天早晨起床之后和每天晚上睡觉之前，你便会得到它的提醒，让自己再一次注意到自己的目标。得到镜子上的标志的提醒后，你的大脑便会开始执行任务。从某种角度上讲，这一切都将自动完成，不过，额外地关注一下会对任务的执行有更大的帮助。通过这样的简单步骤，你所希望养成的习惯就能得到每天最少两次的演练，其效果也会迅速地累积。

引用第二章中提到的有关植物的比喻，随着被不断的重复，习惯逐渐长大，逐渐强壮，根系也逐渐深入地下。很快，我们所希望的行为便会演变成为一个根基雄厚、构建完整的习惯。

有助于我们改掉习惯的另一个小技巧便是，进行一定的“准备工作”。

假定你希望养成每天早晨跑步的习惯，但是，对于你来说，每天把自己拽出被窝去跑步，无异于进行一场艰苦卓绝的战斗。这种情况下，如果你能够在头一天晚上进行一定的准备工作，那么，你就能避免自己早起跑步计划的落空。比如，你可以在晚上睡觉之前，把自己的运动服、运动鞋、耳机等物品放在床头。这样一来，当闹钟响起的时候，你需要做的准备就少之又少了，让人望而生畏的跑步任务此时似乎变得柔和了一点点，而放弃起床跑步的理由（借口）也一扫而光了。在你挑战自己弱点的那个伟大的时刻（也就是你受到更改主意的诱惑最多的时刻）之前，你做的准备工作越多，你成功的可能性就越大。做好“准备工作”的另一个好处便是，在我们进行准备工作的时候，我们其实已经在大脑中实战演习了好几遍即将完成的任务了。在此，我们再一次指出，任务的不断重复，即便只是脑海中的演练，也将有助于我们把任务变成习惯。

七、大声说出来

请你花几分钟时间列出一份包含家人、朋友以及同事的清单，并把自己改掉某个习惯的计划告知他们。

读书的习惯重于方法[1]

胡　适

读书会进行的步骤，也可以说是采取的方式大概不外三种：

第一种是大家共同选定一本书来读，然后互相交换自己的心得及感想。

第二种是由下往上的自动方式，就是先由会员共同选定某一个专题，限定范围，再由指导者按此范围拟定详细节目，指定参考书籍。每人须于一定期限内作成报告。

第三种是先由导师拟定许多题目，再由各会员任意选定。研究完毕后写成报告。

至于读书的方法我已经讲了十多年，不过在目前我觉到读书全凭先养成好读书的习惯。读书无捷径，是没有什么简便省力的方法可言的。读书的习惯可分为三点：一是勤，二是慎，三是谦。

勤苦耐劳是成功的基础，做学问更不能欺己欺人，所以非勤不可。其次谨慎小心也是很重要的，清代的汉学家著名的如高邮王氏父子，段茂堂等的成功，都是遇事不肯轻易放过，旁人看不见的自己便可看见了。如今的放大几千万倍的显微镜，也不过想把从前看不见的东西现在都看见罢了。谦就是态度的谦虚，自己万不可先存一点成见，总要不分地域门户，一概虚心的加以考察后，再决定取舍。这三点都是很要紧的。

---

① 选自《胡适论教育》，胡适著，季蒙、谢冰选编，安徽教育出版社，2006年9月第1版。

其次还有个买书的习惯也是必要的，闲时可多往书摊上逛逛，无论什么书都要去摸一摸，你的兴趣就是凭你伸手乱摸后才知道的。图书馆里虽有许多的书供你参考，然而这是不够的。因为你想往上圈画一下都不能，更不能随便的批写。所以至少像对于自己所学的有关的几本必备书籍，无论如何，就是少买一双皮鞋，这些书是非买不可的。

青年人要读书，不必先谈方法，要紧的是先养成好读书、好买书的习惯。

养成两种好习惯①

——《学习国文的新路》序

叶圣陶

国文这门学科与其他学科不一样。其他学科都有特殊的材料，譬如，数学的材料是各种算法，历史的材料是以往人类活动的种种事迹，化学的材料是各种元素分析化合的种种关系。国文的特殊的材料是什么呢？很难回答。

就最广泛的方面说，凡是用我国文字写成的东西都是国文的材料，刻在龟甲牛骨上的殷墟文字是，《五经》与诸子的书是，历代的正史稗史是，所有的文集与笔记是，诗词歌赋是，唱本宝卷是，现代的新文艺作品也是。

就最狭窄的方面说，只有语文法的研究，写作技术的研究，修辞的研究才是国文的材料。读无论什么书籍文篇，都只作为着手研究的凭借，目的在从其中研究出一些法则来。因为研究不能凭空着手，必须有所凭借，譬如，研究化学必须凭借物质，离开物质就无从研究化学。

可是，如今各级学校里所谓国文以及一班从业青年口头嚷着的“学习国文”的国文没有那么广泛，也不能那么狭窄。理由很显然的。把从古到今所有用我国文字写成的东西一齐拿来阅读，加上研究的功夫，事实上没有这种必要，而且谁也办不到。至于语文法的研究，写作技术的研究，修辞的研究，那是少数人的专门之业，普通人各有负责做的喜欢

① 选自《叶圣陶教育文集》，叶圣陶著，刘国正主编，人民教育出版社，1994年8月第1版。

做的事情要做，不能抛开了倒去做这些。

普通人在国文方面，大概只巴望养成两种好习惯——吸收的好习惯与发表的好习惯。

吸收与发表并不是生活上的点缀，却是实实在在的必需。人既然生活在社会里，社会里既然有这么一种文字，作为交换经验思想情感的工具，若不能“凭”文字吸收人家的经验思想情感，“用”文字发表自己的经验思想情感，吃亏之大是不必细说的。这吃亏而且不限于个人，因为社会仿佛一个有机体，一个人有了什么缺陷，牵连开来，往往会影响全社会。所以许多人意想中的理想社会，条件各各不同，却有一个条件几乎是共通的，就是：必须根绝文盲。全社会里没有一个文盲，就是人人能凭文字吸收人家的经验思想情感，人人能用文字发表自己的经验思想情感，人与人的交互影响更见密切，种种方面自然更易进展。

上面所说的“凭文字吸收”与“用文字发表”都是随时需用的事，也就是一辈子需用的事。大凡一辈子需用的事最需养成好习惯。在习惯没有养成之前，取个正当适宜的开端，集中心力，勉强而行之。渐渐的不大觉着勉强了，渐渐的习惯成自然，可以行所无事了。这就是好习惯已经养成，足够一辈子的受用。如果开端不怎么正当适宜，到后来就成了坏习惯。坏习惯染在身上，自己不觉察，永远的吃亏下去，自己觉察了，改掉他得费很大的劲儿，而且不一定完全改得掉。所以学习国文不能不取个正当适宜的开端，务求把吸收与发表的好习惯养成。

养成好习惯必须实践。换一句话说，那不仅是知识方面的事，心里知道该怎样怎样，未必就能养成好习惯，必须怎样怎样做去，才可以养成好习惯。向人家打听，听听人家的意见，当然是有益的，但是吸收的好习惯还得在继续不断的阅读中养成，发表的好习惯还得在继续不断的写作中养成。废书不观，搁笔不写，尽在那里问什么阅读方法写作方法，以为一朝听到了方法，事情就解决了，好习惯就养成了，那是决无之理。

起孟、翔勋两位先生的这一本书曾经在《中学生》上分期登载过，对于学习国文，我认为他们说的是个正当适宜的开端。末了一篇叫做

《从全面生活学习》，这个题目揭出了全书的宗旨。学习国文不是为了博得“读书”的美名，学习国文不是为了做个“能文之士”。为了生活，为了要求生活的充实，不能不像他们所说的那样着手学习。可惜抱这样见解的国文老师不怎么多，不然，大家依据这样见解指导他们的学生，我国的国文教学可以改观了。对于看了这本书的，我还想提醒一句：必须把两位先生说的一一实践，才可以养成吸收与发表的好习惯。

培养孩子良好的学习习惯[①]

魏书生

周磊同学的父亲：

您好！拜读了来信，知道您的独生儿子周磊是一个人见人爱的孩子，老师、同学、邻居、朋友都说他头脑聪明，可就是学习成绩忽高忽低。努力一阵子，成绩就很突出；成绩一高，他便又贪玩；成绩下来了，重新又努力。总这样，反反复复的。现在将升初三了，快考高中了，还这样忽冷忽热地学，很让人担忧。您来信问我，孩子智力这么好，成绩为什么不稳定，提高孩子的成绩，该从哪些方面入手？

很明显，周磊同学成绩不稳定，主要原因是没有良好的学习习惯。

从我自己 20 年的教学实践中，我当班主任的近千名学生来分析，对 90% 的学生来说，学习好坏，智力因素只占 20%，非智力因素占 80%。而在信心、意志、习惯、兴趣、性格这些非智力因素中，习惯又占有重要位置。

我教过的学习尖子，都有良好的学习习惯。

许多教师都有同感。

甚至对智力超群的科技大学少年班的学生来说，他们在总结自己成绩优异的原因时，都谈到自己有良好的学习习惯。

13 岁的科技大学学生周峰，成功的秘诀就是从小养成良好的学习习惯。

---

① 选自《魏书生与父母对话家庭教育》，魏书生著，河海大学出版社，2005 年 5 月第 1 版。

量化的学习习惯。周峰认识汉字，记英语单词，都是每天10个，即使是走亲戚串门也从不间断。一年下来，3000多个汉字记住了，3000多个英语单词也记住了。

定时学习的习惯。周峰该学习的时候学习，该玩的时候玩，自觉性极强，不需要别人提醒。比如听英语广播，他会准时打开收音机。

专心致志的学习习惯。周峰学习起来全神贯注，思想不开小差。

我常常觉得牛顿的第一运动定律也适用于人的心理，即物体在没有外力作用的情况下，总保持匀速运动或静止的状态。

一位勤奋惯了的学生，不用别人说，他也会自觉学习，如果外人强迫他停止学习，去打游戏机，他会觉得不习惯，甚至厌烦别人的打扰，拒绝去打游戏机。

一位懒惰惯了的学生，别人不说，他总是懒得动，家长老师逼得没办法了，才学一点；外力一停，立即又不动了。

习惯是一种动力，是一种能量。它看不见，摸不着，但它能使事情变得省力，变得容易。

好习惯使人不由自主去学习、去工作、去助人，为什么？回答：学惯了，不学难受；干惯了，不干难受；帮惯了，见到人有困难不帮便难受。

坏习惯使人不知不觉地，很省力地，很轻松地去拖拉，去懒惰，去干扰人。他为什么那么做，细想起来，不为什么，就是拖惯了，懒惯了，干扰惯了，不干扰也难受。

周磊便属于这种情况。冷一阵子，热一阵子，无一定计划，无一定规律地生活、学习，习惯了。

怎样改正不良习惯，培养良好习惯呢？

有一条谚语说：行为培养习惯，习惯形成性格，性格决定命运。

显然，培养孩子的习惯，不能批评一通，训斥一通，上一通政治课，讲一番大道理就完事。重要的是要从孩子的行为入手，引导孩子把决心、把口号落实到行动上。培养孩子良好的习惯要从以下几点入手，效果就会好一些：

（1）引导孩子少说空话，多做实事

应把空想、说空话的时间用在做实事上。一次行动抵得上一打纲领，一次行动的价值要超过一百句口号，一千次决心。

（2）首次慢动

开动大脑机器也像开车一样，起动时，车速一定要慢。第一次行动要慢，动量要小。如培养孩子写日记的习惯，第一次只记一两个单词即可。培养孩子长跑的习惯，第一次跑 200 米就不错。凡事不要一开始就急于求成，想一口吃成个胖子，这样孩子便觉得难而又难，从而失去了做事的兴趣。

（3）逐渐加速

有了首次慢动，尊重了大脑的始动原则，运转起来了，慢慢地像汽车一样开了几十米，这时就可逐渐加速了。日记长到了每篇写两三句话；英语单词每天背会两个；跑步长到每天跑 300 米。孩子觉得在慢动的基础上，增加这点运动量，可以接受，不知不觉之间，大脑这部汽车比前几天运转快了。

（4）不怕慢，只怕站

遇到特殊情况，如意外的任务啦，身体有点小病啦，有不顺心的事心情不好啦，也鼓励孩子不轻易停止，只要能站直了，就别趴下，只要还能行动就别停下。身体有小病时，跑不了 1000 米了，那就一步一步地走下来。写日记心情不好，写不出太好的文章，但也不要中断日记，可以随随便便地东一句西一句记下自己当时的心情，可以少写，但不要停下来。要克服一件事不做则已，做就要做得尽善尽美的想法；建立起行动就比空想强，只要做，就比不做强的观念。许多人没能养成良好的习惯，都跟想尽善尽美有关。

（5）控制时空，制订计划

有了一点行动，逐渐增加了行动的速度，孩子会品尝到一点做事的快乐。进一步培养习惯，就要制订比较全面的计划，增强孩子对自我行动的时间和空间的控制能力。从时间上，和孩子商定从早到晚的行动计划，什么时间跑步、锻炼、上学、唱歌、看课外书、看电视；各项活动，各用多少分钟。使每日、每周、每月、每年的时间安排都有序化，有益化。从空间上，使孩子处于能够把握自己的环境，什么歌厅、舞厅、游戏厅、台球室这些地方，一旦进去，孩子便容易失去自控，不由自主地放弃好习惯。注意订计划的时候，任务指标不要订得过高，使孩子觉得，稍加努力便可达到，稍稍一跳，便可把果子摘下来。

（6）进入轨道

孩子按计划行动起来了，逐渐提高了学习效率，每天定时定量地锻炼、预习、做题、背单词、写日记、唱歌，到了某段时间就做某件事。遇到特殊情况少做一点，做慢一点儿，但不停下。按着这样的计划不停地做实事，惯性就越来越大，就像列车在轨道上行驶，甚至像卫星进入了轨道，就再也不会走走停停了。

进入轨道之后，当然也需要检修。需要防止的，一是外部干扰，二是内部故障。对外界不良人的引诱要及时切断，对付内部故障，如情绪不佳，旧病复发，犹豫拖拉等的最好办法，不是批评，不是训斥，而是以最快的速度把注意力引导到做当时力所能及的实事、小事上来。人一旦开始做实事，负责忧虑犹豫等不良工作的脑细胞就休息了。

初三是许多男孩子自制力明显增强的阶段，培养良好习惯还来得及。

相信周磊会成为一名优秀的学生。

孩子应该有怎样的学习习惯[①]

李镇西

一、不要用“粗心”来原谅自己

据我所知，不少孩子包括他们的家长爱用“粗心”来原谅或者说掩饰学习上的问题。但我经常对女儿说的是：“不要用粗心来原谅自己！”

我认为，虽然许多孩子在学习中的确存在粗心的毛病，但更多的时候，考试的失败不是由于粗心而是由于知识不熟练所致。比如说，我们平时回家，即使心不在焉也不会迷路，为什么？因为我们对回家路线非常熟悉，以至形成了不受意识支配的条件反射。同样的道理，如果我们对所学知识也烂熟于心，即使我们在做题时不是百分之百的细心，但出错的几率还是要小得多。然而，不少学生并不这样想，他们面对分数不理想的试卷，往往会说：“都是因为粗心！”好像这样一说，他就可以心安理得地原谅自己了：我不是因为笨，也不是由于知识没掌握好，而仅仅是因为粗心！

晴雁小学时也曾这样对待自己的考试失败。但我不允许她这样轻易地说自己“粗心”。因为轻松的一句“我粗心”，把自己在掌握知识方面存在的许多问题都掩盖了起来，等到下一次再因同样原因考试失利时，又会用“我粗心”来原谅自己，如此恶性循环，会给自己下一步的学习带来多么大的危害啊！

① 选自《做最好的家长》，李镇西著，漓江出版社，2006年5月第1版。

为此，我给晴雁提出要求——

（1）将平时经常容易出现的所谓“粗心错题”归类分析，然后强化训练。既然考试时的粗心是由于知识不牢固所造成，那么，可以将自己某一段时间（如一个星期、一个月或半学期）的作业、试卷集中起来认真分析，再有针对性地训练，让知识由“懂”到“会”。如“审题不仔细”是同学们常常犯的错误，那么不妨专门做一做审题练习。

（2）训练自己“快速一次对”的习惯。好些题其实在平时做作业时都是能做对的，但一遇考试就出错。为什么？因为平时作业时没有时间压力，又有充分的时间检查；而考试则不然。所以，孩子在平时做作业就要给自己提出“快速一次对”的要求，不要拖拖拉拉没完没了地“检查”。也许开始这样做不太习惯，但坚持下去，考试时因“粗心”而丢分的情况会大大减少。

（3）准备一个错题本。教材上的练习和老师平时布置的习题，大都是有代表性的作业；也就是说，这些作业往往体现了某一个方面的知识点。那么，平时同学们作业中的错误，也往往反映了同学们知识上的一些缺漏。因此，专门准备一个错题本，把平时容易做错的题记录下来，经常不断地琢磨这些题，以加深某些知识难点的印象，将有助于孩子在考试时逐步彻底克服这些错误。

二、不要忽视学习计划

许多优秀学生的学习经验已经证明，是否有科学而且能够落到实处的学习计划，直接关系到学习成绩的真正提高。不过说起来，订计划对孩子们来说倒也不是什么新鲜事。往往是刚开学的时候，老师或家长就会布置孩子写计划；于是，保证书之类的“计划”就写出来了；然后这些“计划”往往又醒目地贴在书桌前的墙上。但相当一部分孩子也就到此为止了：计划并未真正实施，而只是成了摆设。学习照样杂乱无章，随意性很大，有时看上去花费了不少时间，学习效果却并不见佳。于是，老师家长再要求订计划时，孩子们都不太情愿了，总认为“订了没用”。

订学习计划肯定是没错的，问题是在于孩子们所订的计划是否真正切实可行并真正执行。

我要求女儿制订学习计划时，要尽可能符合自己的实际。学习计划当然很重要，但不切实际的学习计划是难以真正实施的。这里的所谓“符合实际”，重要是指三点：一是紧扣教材上的学习内容，与学校老师的要求同步，避免与老师的要求发生冲突；二是与自己的学习基础和接受能力吻合，不要提出自己现在达不到的目标；三是要考虑自己每天所能自由支配的时间的多少，以此来确定每天应该完成的任务量。学习计划越符合实际，就越能被坚持执行下去。

计划制订好后，就应持之以恒地实施计划。对孩子们来说，坚持计划比制订计划要难得多，因为不完成计划的“理由”太好找了：“今天搞卫生耽误了时间！”“今天的晚饭吃迟了！”“今天的电视太好看了！”“今天我不太舒服！”……我决不允许女儿以类似的各种“理由”塞责，因而放松对自己的要求；相反，让她随时提醒自己：别忘了当初的决心和承诺！

当然，任何一成不变的学习计划都是不科学的，再好的计划也应随学习情况的变化而适时调整。尽管制订计划时可能考虑得比较周到，但随着学习的深入，计划也可能会有不适应的时候。比如：考试前的学习任务可能要重些，某一单元的知识点特别难或者某一天老师布置的作业特别多等，在这种情况下，我便引导女儿对计划进行一些调整，尽量使计划富有一定弹性，这样也便于计划能坚持下去。

三、善于在学习中发现问题

往往有种情况，孩子在小时候，总能提出各种各样稀奇古怪的问题，可是，随着年级的增高，进了中学以后，孩子竟然什么问题都提不出来了！从根本上讲，这当然是我们现行教育制度造成的后果，但就每一个具体的学生而言，恐怕就得从自己身上多找找原因了。胆子小，不敢提问，当然是原因之一；但我认为最主要的还是思想上的懒惰，或者对学习上提出问题的意义认识不足。

我女儿也存在着这个问题，她本来就胆小，上课发言都很腼腆，更不用说主动向老师发问了。但我不断地对她讲提出问题的重要性，让她认识到，在学习过程中提出问题的意义是很重要的。最初她说："我没问题，就说明我对老师的讲课都听懂了啊!"这话听起来似乎很有道理，其实不然。我对她说："如果一个学生在学习中从来都提不出什么问题，并不是什么好事，这至少说明他的思维没有真正活跃起来。其实，对于越是熟悉（即所谓'弄懂'）的知识，我们的问题越多，相反，对陌生的事物我们则往往无疑可问。比如，爸爸是教语文的，我每次备课钻研越深问题越多；但假如有人拿一本《天体物理学》的著作让我提问，我还真的提不出一个问题，因为我对这门学科一窍不通！所以当你能够对所学的功课主动提出问题了，这至少说明你不但对这门功课感兴趣了，而且已经开始主动钻研这门功课了。"

质疑的前提是要有一定的知识准备，在把老师讲的知识尽可能弄懂的基础上，我常常引导女儿从不同的角度深入思考：可不可以补充或替换？（老师讲的这道题，能否有另外的解法？老师举的这个例子能否可换一个其他的?）可不可以从反面想想？（如果不按老师分析的情况去做，会怎样?）可不可以完善？（能否为老师的讲解再增加一个理由?）可不可以找到特例？（真的就像书上说的那么绝对吗?）等等。

有了问题，还要有寻求解决疑难正确途径的欲望。女儿每当提出了疑问，我总是叫她不要急于请教老师和家长，而应自己动脑分析：这个问题老师讲过没有？书上是否有答案？如果老师没有讲过，书上也没有现成答案，那么可不可以综合运用已学过的知识进行分析解答？总之，尽量通过自己动脑解决疑难。

有一段时间，我"强迫"她每天必须到办公室去问老师一个问题。我多次给女儿转述一位科学家的话："打开科学大门的第一把钥匙，无疑是问号。"

四、树立紧迫的时间观念

女儿从小就磨蹭，做什么都很慢。小学时，我认为她学习态度还是很端正的，可学习成绩老提不高。造成这种状况的原因当然可能很多，但学习效率不高是最主要的原因。因此，进入中学后，我把提高女儿学习效率当做重点来抓。我给她提出要求并在行动中强化训练。

（1）明确任务，减少犹豫。女儿原来学习时拖拖拉拉，很多时候是因为学习时拿不定主意究竟先做什么：是先做语文，还是数学？或者是改正刚发的试卷？在犹豫之中，时间已过去很多了。所以，我要她必须制订每天的学习时间和学习任务安排表，这样一坐到书桌前，就明白自己该先做什么、后做什么。这样，被犹豫所浪费的时间将大为减少。

（2）形成规律，养成习惯。一个人，经常在固定时间内做同一件事，久而久之，便形成条件反射般的习惯；而对习惯了的事，人们做起来常常效率很高。我通过对女儿的一些训练，使她在学习方法、学习节奏上尽快“习惯成自然”，形成学习效率的“惯性”。到后来她放学回家后的复习、作业、预习等事情，都是情不自禁的行为，那她的效率必然就提高了。

（3）专心致志，有效劳动。在我教的学生中，常有孩子抱怨：“我天天都在学习，很少玩，但学习效果并不好。真是学没学好玩没玩好！”是的，这些孩子往往在书桌前一坐就是很久，可是他们真的学进去了吗？实际上，很多人是做了无效劳动的：花了时间，却收效甚微。其重要原因就在于学习时思想不集中。我要求女儿学习时必须集中精力，减少无效劳动。办法之一，是学习之前给自己规定时间；如果在规定时间内未能完成应该完成的学习，不得延长时间。这样“逼逼”女儿，其学习效率将会改观。到了初中，女儿做事已经非常利索，很少拖泥带水。

五、善于归纳整理学习资料

到了期末或者临近毕业时，作业、测验自然要比以前多一些。我当然不主张“题海战术”，正因为如此，我才提倡对有关资料进行认真的筛选、归纳和整理。对孩子们来说，这既是一种良好的学习习惯，更是一种有效的学习方法。因为在孩子们做过的练习和试卷中，分布着知识重点和难点；通过分析做过的题，特别是做错了的题，孩子们可以了解自己的知识缺漏，从而更有针对性地复习。从这个意义上说，不管以前做过的试题是满分还是错题累累，对今后的学习尤其是期末复习和毕业复习来说，都是一份珍贵的财富。因此，对这“财富”的归纳整理自然是十分重要的了。在女儿读小学时，我便要求她养成归纳整理学习资料的习惯，一直到读中学也是如此。

那么，究竟哪些学习资料需要归纳整理呢？

（1）教科书。每次复习，必然要涉及各个阶段的知识，因此，从初一年级起，我就要求女儿妥善保存有关的教材，特别是各册语文书、数学书、外语书、物理书、化学书。我还要女儿平时就要根据老师的教学，随时留心在书上记下老师强调的重点知识。这样在总复习时，复习起来就更加方便。

（2）练习册。平时各类练习册很多，当然不可能也没必要全部收存。值得收存的是与老师教学同步的练习册。而且，我也不是要求女儿把这些练习册中的所有习题都记下来，而要有重点。平时做题时，女儿就根据老师的评讲筛选体现知识重点的典型例题，并及时做上记号。到了总复习时，查找起来就十分容易了。

（3）考试题。这里的考试题就是指单元试卷和大考试题。一般来说，这类试题比较集中地体现了教学大纲对学生的学习要求，我要女儿平时就应重视考后分析。对做错了的题，不但要及时弄清做错的原因，并立即改正，而且，还应把一些有代表性的错题筛选归类，便于以后复习时引起重视。

（4）其他资料。如：平时的课堂笔记本，往往写有老师课堂板书的教材上没有的一些补充知识；还有老师平时为学生精心选择的一些重要的补充题；另外，平时女儿在课外找的一些典型的习题，我也要她随时注意收存。

六、乐于与他人交流学习

我原来有个非常优秀的学生叫陈峥，她有一大特点，就是特别喜欢和同学交流学习。只要一下课，总会看到她和同学们交流学习——或争论问题，或给其他同学讲难题。我不认为这仅仅是助人为乐，其实这也是一种很好的学习方式。通过给别人讲，可以把已学过的知识再次清理，以达到更加巩固的目的。

我多次给女儿讲陈峥姐姐的这个学习方式，并要求女儿也多和同学交流学习，善于做同学的“小老师”。我对女儿说，从一定意义上看，

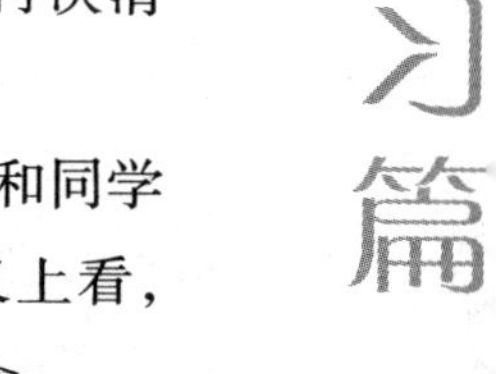

“讲”是最好的“学”，给同学讲解，不但等于又温习了一遍功课，而且可以把原来虽然也许懂了，但不一定很清晰的知识简约化、条理化，更加便于记忆。尤其要乐于为一些学习困难的同学辅导，或者为别人讲自己做出了的难题。

因此，从进初中开始，女儿就有给同学讲题的好习惯，一直到高三毕业前，她都还很乐意做同学们的“小老师”。

一分钟记忆力比赛[①]

——有你意想不到的成功

魏书生

我到教委工作后，一再强调提高素质要从“一点一滴”做起，在市直中小学开展了“五个一”活动。

每天至少做一分钟家务，写一分钟日记，唱一分钟“军歌”，昂首挺胸踏步一分钟，搞一分钟记忆力比赛。

一分钟记忆力比赛，主要强调学生会珍惜时间，意识到一分钟的宝贵，增强全身心进入记忆状态的能力。

即使学习后进，非常贪玩好动的同学，一分钟全神贯注注意记忆目标的能力也是有的。而当人全神贯注去记忆时，人自身的惰性干扰、自我压抑、情绪波动干扰都能降到最低点，而潜在的记忆能力，在冲破这些干扰、压抑之后，当然容易开发出来，于是记忆效率常常是平常的2倍，甚至是3倍、4倍。

竞赛方法是：请同学们准备好纸笔，但暂时不用。请同学们坐直，等着老师宣布记忆内容，这时同学们全身心都调整到紧张的参赛状态。老师讲：过一会儿，老师打开一张大图表，上面写着互不相关的词汇，大家用60秒时间尽可能多地记忆，60秒过后，老师收起大图表，同学们开始默写。

讲过之后，老师将大图表打开，同学们全都瞪圆了眼睛，屏住呼吸，恨不得把图表上的词全搬到脑子中去。平时最不爱学习的学生都投

---

① 选自《好学生好学法》，魏书生著，漓江出版社，2005年。

入了竞赛之中。

60 秒很快过去，老师收起图表，同学们立即开始默写。当场参加测试的老师、各校校长达到 20 人之多，但同学们没有一个人想到不安，原因是记忆目标特别明确、具体，时间又短促、紧迫，使学生来不及想没用的东西，默写之后，教育科和教研中心的同志立即收卷。

1997 年 11 月 19 日那天，我们一同走了 8 所中小学，在 8 个不同班级搞实验，回来之后教育科给我的统计数字如下：

平均记忆词汇数量：实验中学，12.73 个；市一中，12.23 个；市二中，12.04 个；市一完中，11.94 个；市三中，11.59 个；市四完中，11.55 个；市五完中，11.25 个；市实验小学，9.32 个。

竞赛使不爱学习的同学，自以为记忆力不好的同学也发现了一个强大的自我，既然一分钟就能记住 65 个字的一段话，那么平时记一篇短文，背两个公式，那不是极简单的问题吗？

其实，好多自以为记忆力不好的同学，平时常常对着记忆任务，或发愁：这么多，我怎么能背会呢？或犹豫：先背哪一段呢？或拖拉：算了，下节课再背吧！放学再背吧！明天再背吧！发愁、犹豫、拖拉的时间远远多于全身心背诵的时间，当然越来越善于发愁、犹豫、拖拉，当然显得记忆力不好了。

我搞一分钟记忆力比赛的目的，就是引导同学们忘记发愁，排除犹豫，甩开拖拉，说背就背，当然大家都发现了果断的、全新的自我。

这种竞赛我在班级搞了 20 年。到外省市上课，我也曾在舞台上引导几百所城市的学生搞这种 1 分钟或两分钟的记忆力比赛，都收到了好的效果，激发了同学们的学习热情。

为什么强调 1 分钟？因为凡事不能急于求成，1 分钟全身心注意的能力，谁都可以有，谁都能品尝到成功的欢愉。如果先从 5 分钟，甚至 10 分钟开始，一部分学生，就容易溜号，容易对自己失去信心。

我还数百次地搞过 20 秒限时记忆比赛。

班级每位同学都做一个 85cm × 15cm 的数字板，上写不规则的、随意排列的 15 个数字，竞赛时同学们准备好纸笔，我从 70 张数字板中任意抽出一张，高高举起，全班同学齐刷刷地盯着这板上的 15 个数字，我只举过 20 秒，便收起来，同学们开始默写，刚开始 20 秒钟能记准 15

位数字顺序的只有 2 人。这样的竞赛一节课能搞几十次，搞过三四节课后，全班 72 人，就有 65 人能够记住了，学习尖子觉得 15 位数字用不了 20 秒就能轻松地记住，后进同学也觉得自己记忆力明显增强。

从 20 秒、一分钟记忆力比赛抓起，效果好了，我们便搞 2 分钟、5 分钟记忆力比赛。

比赛时，既作横向比较（同学与同学比），更重要的是作纵向自我比较。先进同学，上次一分钟记住 80 个字的一段记叙文，这次记住了一段 85 字的文章是成功。后进同学上次一分钟记住了 38 个字的一段话，这次记住了 42 个字的一段话，也是成功进步。这样理解成功进步，就无论哪一个人都可以在比赛中品尝到成功的欢愉。

许多心理学实验都证实，大脑工作效率最高之时，是离规定完成任务时间最近之时。

常常听演员问："离开拍还有几天？"临到开拍前，背诵台词的能力就会突然倍增。

愿同学们利用大脑的记忆规律，多搞 1 分钟、2 分钟、5 分钟记忆力比赛，以扶植起一个强大的、有良好记忆力的自我。

培养孩子学习乐趣并不难[1]

牛　耕

家家都在培养孩子学习乐趣，有的非常成功，有的又非常失败。成功的家长，似乎没花多大心思，孩子就非常上进；失败的家长，嘴皮子都磨破了，好话歹话都讲了多少遍，打、骂、斥责、羞辱、奖励、十八般武器都用上了，孩子就是油盐不进，只想玩，不肯学。是“孺子不可教”，孩子不是学习的材料，还是父母方法不对头呢。

有这样一个“不争气”的孩子，家长必然心急火燎，但不应该责怪孩子，更不能简单斥责孩子缺乏上进心。要冷静分析孩子不好好学习的原因：孩子是不是因病不能好好学习？老师教学方法怎么样？有没有使孩子分心的事情？是不是有坏人在引诱孩子？

培养孩子学习乐趣是个潜移默化的过程，不要希望谈一两次话就有什么明显的效果，更不要采取伤害孩子的方法，哪怕只有一次。如何培养孩子的学习乐趣，以下的方法是可以采取的：

首先，言教与身教不能分家。父母告诉孩子要好好学习，自己也要做出榜样。有的父母把学习的好处说得头头是道，自己对学习却没有兴趣。不读书，不看报，科学知识少得可怜，张口粗话，闭嘴就是“关公战秦琼”，怎么可能引发孩子的学习乐趣呢！有一位家长，有点时间就“搓麻”，因为家里房子不宽裕，常常挤的孩子没有做作业的地方。可以想见，这个孩子是不会有学习兴趣的，即使有，也不是父母培养的。另

---

① 选自《天梯——给儿女的129份爱》，牛耕著，中国友谊出版公司，2004年12月。

外一个家庭的父母情况就不同了，只要到了孩子学习的时间，家里的电视就关闭了。首先是父母不看电视，为子女学习创造必要环境，同时，父母就是孜孜不倦的学习者，自然，影响了子女。

其次，随时鼓励子女的好学精神。他们把学习视为人生须臾不可离的事情。只要是学习，不论是书本上的，还是生活中的，他们一概鼓励。在他们相处的时候，不鄙视知识少的人，他们鄙视没有知识又不肯学习的人。问，是最简便的一种学习方法。经过思索，问明白了的事情，记得牢靠。只要孩子们增加了知识，他们都赞许、表扬。使子女感到，学习是光荣的。

再次，父母有意识地告诉孩子一些知识。我认识一对父母，抓紧所有空隙，给儿子讲有趣的故事。散步的时候，假日大家一起包饺子的时候，聊天的时候，都是讲故事的最好时机。一个成语故事，一个智力测验，一个提问，都成了故事的内容。寓教于乐，孩子们从笑声中得到了知识。有的父母会说，这对父母的要求过高，自己肚里没有多少文化水，做起来就难了。我不否认，随时告之孩子知识，需要父母有一定的文化知识，但绝不是文化知识低的父母，没有可能教给子女知识。做了父母的人，有各方面的阅历，苦、辣、酸、甜的味道都尝过，只要好好想一想，自己的故事不会少，讲给子女都会有吸引力。

最后，学习的快乐来自成就感。让孩子有成就感，也是不可少的方法。

孩子们没有走上社会，能有成就感吗？孩子当然不同于成年人，但孩子有孩子的成就感。比如他们学了外语，可以直接同老外对话；他们学好了语文，可以写一首小诗；学会了演唱，可以给大家表演……这些都是实实在在的成就感。有了成就感，自然会快乐，有了快乐又增加了学习的动力，有了学习动力，一定会加倍努力学得更好。这是一种“快乐学习，自主进步”的良性循环。

有些老师和家长走的却是相反的道路。当孩子厌烦学习的时候，不是想方设法使他们感到学习快乐，而是一味地指责，甚至体罚，企图靠压力来激发他们的学习积极性。其结果如何呢？多数情况是加重了他们学习的苦恼，使他们产生了畏惧学习的情绪，学习成绩更加不好，学习不好自然就没有成就感，形成了恶性循环。

能否走上良性循环的道路，关键是使孩子们有成就感。这必然要求老师和家长，随时提示和肯定孩子的成就，引发他们的成就感。当孩子们还没有感到自己已经有了进步的时候，用事例告诉他们，这就是进步，这就是成就；当孩子只有微小的进步的时候，要给以明确的肯定。

只有孩子们自己感到有成就的时候，才能成为他们学习的动力和快乐的源泉。因此，他们学习的内容宜于少而精，切不可贪多。

1983 年高考时，有一道作文题，题目是一幅漫画：一个精明强干的年轻人在挖井，挖了一会儿没有水，于是换一个地方再挖。接连换了三四个地方，还是没有水。漫画的寓意很清楚，不是没有水，因为浅尝辄止而没有挖到水。

学习也是一样，求多求全，深入不下去，也看不到效果，自然就没有成就感了。贪多嚼不烂；“四面开花”必然一事无成。一个人不能同时追两只兔子，一只手抓不住两条鳝鱼，这是人尽皆知的道理。所以，少而精的学习内容，能使孩子们收到立竿见影的效果，带来的是看得见的成就感。这可以说是一把打开“快乐学习”大门的万能钥匙，有志于让孩子们好好学习的老师、家长们不妨一试。

第三篇

生活篇

在人的一生中，儿童期是大脑结构、身体机能、心理成长最旺盛的时期，也是良好生活习惯形成的关键时期。俗话说："五岁成习，六十亦然。"幼儿期良好生活习惯的养成对人的一生影响巨大。

好的生活习惯不仅关系到儿童的身体健康，而且关系到儿童的自信心、意志品质与社会交往能力等。著名生理学家巴甫洛夫说："各种各样的习惯都是一种连锁条件反射系统。"良好的生活习惯的养成需要孩子长期的、坚持不懈的努力，教育者要帮助孩子克服身体上和心理上的惰性。

在这里，卡尔·威特为我们讲述如何"让儿子养成良好的饮食习惯"，约翰·格雷为我们讲述"充满爱意的习惯"，陈鹤琴为我们讲述"卫生上的习惯"，等等。

让儿子养成良好的饮食习惯[①]

〔德〕卡尔·威特

孩子养成不良的饮食习惯，责任完全在于父母。由于他们的溺爱和纵容使孩子形成任性自私的性格，这种性格反映到饮食当中就出现了孩子挑食、厌食、贪吃等多种毛病。然而不少父母对此没有丝毫悔悟，而仍旧一味地满足着孩子不合理的饮食要求，另一些父母也许意识到了孩子不良的饮食习惯将影响孩子的健康，可他们不懂得如何从根本上解决问题，而是一味地诱骗孩子吃他不肯吃的东西，以确保其获得更为全面的营养，这些愚蠢的父母甚至扬扬自得地将他们那些诱骗的小招数到处传授，让其他面临同样问题的父母也跟从效仿。

事实上，改变孩子不良的饮食习惯应当从改变他对食物的观念开始。父母需要首先使孩子明白的绝不是吃哪种东西更有营养，而应该是如何去尊重食物，或者说尊重制作食物者的劳动，以及自然界对人类的恩赐。

只有在孩子学会尊重食物以后再适当地告诉他有关的营养知识，孩子才可能更容易接受。

厌食的问题略微复杂一些。如果孩子厌食，首先应确定他是否生病了。如果并非如此，而只是孩子的饮食习惯问题，父母就该意识到可能是孩子平时零食吃得太多，扰乱了正常的进食规律，导致他在正餐时间

① 选自《卡尔·威特的教育》，〔德〕卡尔·威特著，翟文明、郝荣丽编译，光明日报出版社，2005年12月第1版。

里拒绝进食。解决方案有两个，第一是杜绝孩子吃零食的习惯；第二是适当采用饥饿疗法，当孩子真的感到饿的时候他就不会再声称没有吃饭的胃口了。

与挑食、厌食的孩子相反，有些孩子表现得十分贪吃。他们往往不知饥饱，因为吃得过多而生病。孩子贪吃的习惯多数时候是父母促成的，因为在这些父母的头脑中，想到的只是加速孩子的成长，使自己孩子的身体变得更为强壮，他们只要听说什么食品能强身健体，就不惜一切地为孩子买，毫无节制地灌进孩子的胃里。

我和儿子的母亲都非常注意这一点，我们严禁儿子随便吃点心、零食。为了给儿子加强营养，我与他的母亲对儿子规定有固定吃点心的时间，并对此有合理的安排。

为了儿子的健康，也为了让他不要养成贪吃的习惯，我时常对他讲吃得过多的害处。

我告诉他："人吃得过多脑袋就发笨，心情就会变坏，有时还要闹病。生了病，不仅苦恼和难受，而且也不能学习和玩耍了。不仅如此，你一得病，爸爸妈妈为了照顾你，好多事也不能做了；就是说你一个人病了，会给许多人带来麻烦。"

为了让卡尔懂得身体健康及饮食合理的重要性，我在凡有朋友的孩子生病的时候，都会带他去探望，让他有更为直接的体会，这对他是一种很实际的教育。

有一次我带着儿子散步，遇见了一个朋友的儿子。

"你家里人都好吗？"我首先问候道。

"谢谢，都好。"他说。

"但是，你弟弟病了吧？"

"是的，您是怎么知道的呢？"他惊讶地说。

"我知道，因为圣诞节刚过。"

我并不是胡猜。因为我知道那孩子特别贪吃，圣诞节过后准会闹病的。

果然不出所料，于是我就带着儿子去探望。到那儿一看，那孩子不喊肚痛，不喊头痛，只是叫个不停。

在谈话中，我问明了孩子的病因，正如我所预料的那样，是由于吃

多了。威特听到这种情况，就深刻了解到贪吃的危害，便从此就很自觉地节制饮食。

在这种场合，我与对方谈话总是注意到要使坐在旁边的儿子能了解事情的真相。

为了让卡尔不在饮食问题上受到损害，我特别注意培养他的饮食习惯。在吃饭之时，尽力让他愉快地进餐。

我认为，让孩子愉快进食有利于增进孩子身心的各方面发展。

对孩子来说，食物不应该是一种款待，也不应该是一种义务，千万不能用食物贿赂他，也不要用不让他吃来惩罚他。父母完全没有必要去浪费时间和精力把食物当做奖励、惩罚或威胁的手段来调教孩子。重要的是把管教孩子和食物分开，给孩子营造一种和谐轻松的进食气氛和环境，让孩子独立自主、轻松愉快地进食。

哥罗德是我们这一带有名的小胖子。据说他的食量很大，在他很小的时候，就能和大人吃一样多的东西。每天除了正常的用餐外，还要不停地吃很多零食。

我曾经问过他的父母，孩子怎么从小就长得那么胖。本来我是个不爱打听别人的事的人，可是每当看到哥罗德那种胖乎乎甚至走路都有点困难的样子，在我的脑子中总会出现这个问题。

为了培养好自己的儿子，我也经常询问一下别人是怎样培育孩子的，这样或许还会改进一下我的教育方法。

哥罗德的父亲告诉我，因为他和妻子一直没有孩子，等到年龄很大的时候才有了哥罗德，所以倍加疼爱他。特别是他的母亲，更是把儿子当成自己的心肝宝贝。

他们给儿子吃最好的东西，穿最好的衣服，可以说对儿子百依百顺，万般迁就。只要儿子想吃的东西，他们都要绞尽脑汁地给儿子弄到。

哥罗德的父母都是体形较瘦的人，他们对儿子长得如此之胖也有些感到不愉快。但他们只是在从儿子的外形看问题，只是觉得儿子长得太胖有些难看罢了。他们没有考虑过肥胖已经成了孩子的负担。

哥罗德由于长得胖，被同伴们称做“小胖子”，他行动缓慢笨拙，几乎无法和别的孩子一块玩，甚至还有的孩子欺负他。每当受欺负后回

家哭闹时，他的父母解决问题的唯一办法还是吃。他们以为在儿子身上，只要给他吃喝好，问题自然解决。

哥罗德由于太爱吃东西，以至于他在看书和学习时也要拿一些点心在手中。我也问过他的父母，孩子的学习怎么样。他们只能一边摇头，一边叹气。

每当哥罗德学习不专心时，他的父母就会给他一块糖果和点心。他们认为这样就会让儿子用心读书，其实他们的做法简直大错特错。因为这样不仅干扰了孩子的学习，也让他形成了一种极坏的心理，他不会认为学习好了才会有奖赏，反而会以为只要我不学习就会有好吃的。

哥罗德比我儿子卡尔还要大两岁，但他在学习上与卡尔比简直是天壤之别。

哥罗德为什么会这样呢？我认为这完全应归罪于他愚蠢的父母，他们不懂得怎样去教育孩子，以为孩子仅仅需要吃喝，根本就没有从小去培养孩子各方面的潜能。

胃过于疲劳会使大脑功能减弱，所以贪吃会使人蠢笨。我时常将这一观点讲给儿子和周围的人们听。历史上很多伟大的人物都非常注意这一点，特别是那些积极用脑的伟人更是如此。

孩子那种“有机会就吃”的情况，不是出于天性，更多的是由于父母给他创造了过多“吃的机会”。

卡尔基本上没有因为吃多了而伤害了胃。到朋友家里，主人总是要热情地拿出点心之类来款待。但不管是多么好的点心，都难以让卡尔动心，他是坚决不吃的。

朋友们看到儿子的反应，认为这不是孩子的真心，可能是我管教过于严格的结果。但事实并非如此，完全是儿子自愿的，因为他已养成了良好的饮食习惯。

朋友们之所以那样说，是因为他们在用自己和自己孩子的标准来衡量卡尔，他们无法理解我儿子的自制能力。

其实，这没有什么难的，只要从小经常做这方面的健康教育，孩子们就会很容易地像我儿子那样做到。

培养女儿良好的生活习惯[①]

〔美〕M. S. 斯特娜

有些人在单身生活时，很有时间观念，把自己的生活安排得井井有条，但在成家之后，反而显得忙乱无头绪，特别是在有了孩子之后，家庭成员多了起来，在时间上不能有足够的保证，逐渐变成了一个杂乱无章、忙而无序的人。这种父母当然不可能要求孩子遵守时间。父母对孩子一会儿这样要求，一会儿那样规范，一会儿说可以饿了就吃，一会儿又说必须到点开饭，没有准性，孩子如坠入云里雾里，不知如何是好。

父母没有时间观念，导致孩子从心理上放松，慢慢发展到对什么都无所谓了，见了好吃的东西随便吃，见了不喜欢的书就随便撕。这就不可能使孩子有良好的生活习惯。

我认为，父母应该从小就告诉孩子，哪一件东西是爸爸必需的、重要的、不能动的；哪一件是妈妈的东西，孩子不能随便拿，如果弄坏了后果是什么，如果搞乱搞脏了后果又是什么。如果孩子不知道它的重要性，父母应该告诉他父母的权力孩子同样要尊重。

为了培养女儿的良好习惯，我和丈夫都是非常有耐心的。我知道只有父母能够坚定不移，孩子才会有足够的信心保持下去。这些习惯常常是很小的事情，比如饭前洗手、给爸爸妈妈道晚安等。通常当小维尼夫雷特学会一种小把戏时，常常会乐得手舞足蹈，过一段时间当她不再感

---

① 选自《M. S. 斯特娜的自然教育》，〔美〕M. S. 斯特娜著，张艳华译，京华出版社，2001 年 1 月第 1 版。

到好奇、没有新鲜感时就不想再坚持，而是又在寻找另一种有吸引力的东西。每当这时，我都非常注意教会女儿养成每一个好习惯，而且要让她明白不是学会就算结束，而是要保持下去，要引起重视。有时维尼夫雷特也明白这个道理，明白我希望她保持良好习惯的迫切心理，只是顽皮一下，尝试一下，看看她不遵守结果又能怎么样。

在培养维尼夫雷特的过程中，我把培养她良好的生活习惯放在很重要的位置上，并且在日常生活中时时对她进行教育。因为只有形成健康的生活方式和习惯，一个人才可能充分发挥自己的潜能，才能取得一定的成就。

有一次，我发现维尼夫雷特在房间里一会儿忙这个，一会儿弄那个，显得狂躁不安，焦急之极。

“维尼夫雷特，你在干什么呀！”

“唉，烦死了。有那么多的事，我不知道应该怎么办。”

“什么事让你那么烦呀？”

“我又要学语言，又要做数学题，待会还要弹琴。可是我的时间太少了。”

“你不是都在房间里学习了那么长时间了吗？怎么还没有做完功课？”

“是呀，我在这儿弄了很久，但什么也没有做完。”

“为什么呢？”

“我刚开始学语言，又想到数学题还没有做，想去做数学题，可是语言课又怎么办？”

这时，我知道一定是女儿把学习的程序搞乱了，使她做起来没有头绪，导致她心情不好。而心情太乱的时候，根本无法做好任何一件事。

“这样吧，你先休息一下。然后给自己做一个计划，把做每件事的时间都好好安排一下，想一想先做什么，后做什么，可能那样会好些的。”

女儿接受了我的意见，停下来休息了一会儿，并按着我的提议对自己的功课作了详细的安排。

没有多久，我发现女儿做完了功课，并开始愉快地练琴了。

“感觉怎么样，现在还烦吗？”

“真奇怪，现在好多了。我把功课作了安排和计划后，果然很快就把它们完成了。”

“是呀！维尼夫雷特，今天的事就是给你提供了一个经验。以后无论做什么事都要有一个合理的安排，这样才会有好的效果。无论是在学习上或生活上都应该这样。你要记住，有计划地工作才会有良好的结果，有规律地生活才会的使你得到幸福。”

我认为，孩子很需要一种节奏感，一张一弛，掌握某种合理的方法，制订一个计划，知道什么时候做什么，什么事情怎么做。这对孩子的成长非常重要。

只有这样，孩子才能在生活之中逐渐地形成一种良好的生活习惯。

饮食的习惯[①]

［英］A. S. 尼尔

极权始于育婴，干涉儿童的天性就是专制。第一种对孩子的干涉永远是食物方面的，例如逼孩子按时间表挨饿、吃奶等。对此表面的解释是：这样可以让大人舒服，少干扰一点大人的日常生活。但深层动机实在是对新生命和它的自然需要的一种怀恨，这便能说明为什么有些家长会对婴儿饥饿的哭声无动于衷了。

自由发展应该从孩子一生下来和第一次喂奶时就开始，每个婴儿都有按照自己意愿被喂奶的权利。当然在家里母亲照孩子的需要喂奶比较容易，但是在大多数医院的产房里，婴儿一生下来就从母亲身边抱走，放到育婴室里，母亲在头 24 小时里不能喂孩子。这究竟会对孩子造成怎样的永久性伤害呢?

有些医院规定在住院时间不许孩子和母亲在一起，如果在登记前不问清楚，就非要遵守医院的规定不可。每一个要孩子自由发展的母亲都要注意，千万别到一个不赞成孩子自由发展的医院生孩子，那样还不如在家里生。

医院和护士原来采用的喂奶时间表已经受到很多指责，而且许多医生已经不采用这种显然不对而危险的方法了。假如孩子饿了，一定要哭到时间表上规定的时间才有奶吃的话，那无疑是在强迫孩子遵守一种愚蠢、残忍和反生命的纪律，这纪律对他身心的发展遗害无穷。母亲一定

① 选自《夏山学校》，［英］A. S. 尼尔著，王克难译，南海出版公司，2006 年 11 月。

要照孩子的需要喂他。在刚出生时，他需要喂很多次，这是因为他还不能一次吸收大量的食物。

夜里假如他饿了，也应该照样喂他，塞瓶水给他是不好的。到两三个月以后，婴儿会自己调整而多吃一点奶，然后喂奶的次数就可以减少几次。三四个月大的婴儿也许要在夜里10点到11点之间喂奶，然后第二天早晨5点到6点再喂一次。当然，这并不是不变的准则。

每个育婴室都有一条必须遵守的规则，就是一定不能让婴儿哭得太久，每次他的需要都要给予满足。如果照时间表喂孩子，妈妈总是掌握着主动权，像一个效率专家似的知道下一步该怎么做。但她会将孩子训练成一个被定型的孩子，这样的孩子当然不会给大人添很多的麻烦，却会失去他们的自然发展。养育一个自由发展的孩子的母亲，每天甚至每分钟都会有新的发现，因为主动权在孩子手中，她必须非常注意，才能知道孩子的习惯。因此如果孩子吃完奶半个钟头以后哭，年轻的母亲必须自己设法找出答案：他是不是不舒服？胃里有没有胀气？他还想再吃点奶？是不是寂寞而需要人逗逗他？做母亲的需要以自发的爱作出反应，而不能照本宣科。

如果让孩子自由的话，他们会发展出自己的时间表。这就是说，孩子有能力自己决定吃奶的时间，以及以后吃饭的时间。

在儿童后期或少年期吮指头，是照时间表喂奶的最明显结果。吮指头由两种原因造成：一为饥饿，一为吮吸时产生的性欲快感。当喂奶的时间快到时，孩子的口腔便先感觉到很大的乐趣，然后饥饿也被满足。但是如果婴儿要哭到时间到了才有奶吃，上述那两种乐趣便都受到了阻碍。

我曾在产房里看见一位母亲遵照医生的指示，喂奶的时间一过，就硬把孩子从乳房上扯开。我想不出，要造出一个问题儿童，是否还有比这样更好的方法。

无知的医生和父母对小孩自然冲动和行为的干涉简直令人难以相信。他们用一套可笑的训练毁灭孩子的天性与快乐，因而造成全世界人类心理和生理上普遍的不愉快。孩子稍大以后，学校和教会又继续对他们加以反乐趣和反自由的训练。有一位母亲提到她自由发展的小孩，当他刚开始吃固体食物时，他们让他自己选食物的数量和种类，假如他不

吃一种蔬菜，就给他另一种蔬菜或甜食。常常他会先吃甜食，然后吃他以前不吃的蔬菜。有时他会拒绝吃任何东西——这就表示他一点也不饿，然后在下一顿时，他就会吃得特别香。

许多时候母亲都会觉得自己对孩子知道得比孩子自己更多，事实不然。从吃东西就可以看出来，母亲们完全可以在桌上摆上冰激凌、糖果、黑面包、西红柿、生菜和其他食物，让孩子自由选择，普通小孩在一星期内便会选均衡的饮食。我知道美国有过这种实验。

在夏山，我们永远让所有孩子（包括最小的孩子）全权选择他们每日的饮食。晚饭主菜每次都有三种选择。当然这就比别的学校消耗得多，但我们主要的目的在于抚育孩子而不是节省粮食。

当孩子们饮食均衡时，用零用钱买来的糖果对他们并无害处。小孩因为身体需要糖而喜欢吃糖，所以吃糖是应该的。

逼小孩吃他不喜欢吃的咸肉和鸡蛋才是残酷的。珠绮永远可以吃她自己喜欢吃的东西。伤风时她总是自动地只吃水果和喝果汁。我从未见过像珠绮这样不爱吃的孩子，一袋巧克力在她桌上几个星期都原封不动。午饭或晚饭最好吃的菜也引不起她的兴趣。假如她刚坐下要吃早饭，而另外一个孩子在外面叫她去玩，她马上就不见了。因为她身体非常好，所以我们从不担心。

当然，绝大多数父母会照自己的喜好规定家人的食物。假如父母是素食主义者，他们就会给孩子蔬菜吃。但是我常发觉，从素食主义家庭出来的孩子狼吞虎咽地吃肉，吃得津津有味。

以一个不懂营养学的常人身份来看，我觉得孩子吃不吃肉没多大关系，只要饮食均衡，他多半会很健康。我在夏山从未见过我们的孩子腹泻或者便秘，我们总是吃许多蔬菜。虽然有些时候孩子拒绝吃蔬菜，但是通常他们会习惯，而且后来也喜欢吃，总而言之，夏山小孩多半不大注意吃，这是一个很正常的现象。

因为吃东西是儿童时期一件很有趣的事，所以这种极为重要和基本的行为不能受餐桌礼仪的干扰。不幸的是，在夏山最没有餐桌礼仪的，就是那些从很守规矩的家庭出来的小孩。家庭训练越严格的小孩，一得到自由以后，餐桌礼仪和其他礼貌就越坏。我们只能让孩子发展他们被压制的幼稚行为，然后到少年时再发展自然的礼仪，除此之外别无他法。

食物在孩子生活中是最重要的，比性重要得多。人的肚子是自私也是自利的，孩子也是。一个10岁小孩对一盘菜的占有欲远比一个酋长对女人的占有欲更强。当孩子自然生长而自私自利得到满足以后，这种以自我为中心就会变成利他的观念以及对别人的自然关心。

充满爱意的习惯①

〔美〕约翰·格雷

接受型的孩子通过期待爱来感觉到被爱。要创造一些充满爱意的习惯，让这些孩子感觉到他们的价值以及与父母双方之间的独特联系。这些习惯无须花很多时间，只需要承认它们是独特的，然后就要一遍遍地重复。

我们和女儿劳伦之间有一个特别的习惯：穿过森林走到城里，然后休息，在当地的书店吃一块玛德琳饼干。在她很小的时候，我会把她放在婴儿车里，在她长大一点之后，我们就步行或者骑自行车。整个活动大约要 25 分钟。来回各 10 分钟，5 分钟吃饼干并摸摸当地的狗。

现在，她已经是一个十几岁的孩子了，依然清晰地记得这些早期的童年经历，以及我们之间充满爱意的联系。很多成年人不记得儿童时代的爱和欢乐，这是一个巨大的损失。能够记住被爱、被支持的感觉，会在以后的日子里给予我们深深的安全感。

在某一个固定的时间采取一些很平常的养育行为，就可以把它们变成为习惯并最容易被记住。反复谈论一件事也可以使之成为一种习惯。例如，你可以说："今天是星期六，我们可以走到城里去吃一块玛德琳饼干。"为了感觉到特殊性，孩子需要在特别的时间进行特别的活动。下面是一些随意列出的例子：

① 选自《孩子来自天堂》，〔美〕约翰·格雷著，张雪兰译，京华出版社，2006 年 10 月第 1 版。

星期六早上爸爸按照他特别的方法在吐司上加鸡蛋。

星期天早上我们全都睡到很晚才起来，并且妈妈要做美味可口的华夫饼干。

当爸爸接孩子接晚了的时候，他总是会带我们去食品店吃果露作为补偿。

爸爸出城的时候，总是会打电话来帮我做作业，或者道晚安。

妈妈总是在我睡觉前读一个故事。

妈妈或爸爸总是在我睡觉前唱一首歌。

当一个孩子肚子痛的时候，妈妈总是准备一个热水袋并在上面搽一点蓖麻油。

爸爸高兴的时候总是唱他最喜欢的一首歌。

每个星期四晚上八点，我们全家人聚在一起看一个非常搞笑的家庭节目。

每天晚上睡觉前，孩子和父母聊天，回顾一下一天的生活。

春天的时候，每天晚饭前全家人都去摘花。

晚饭前全家人都带着狗去散步。

每年夏天我们都要去度假，去同一个地方，住同一家酒店，这是一个特别的假期，我们都很喜欢。（当然，你可以去别的地方玩。但重复同样的假期可以成为一个特别的习惯。）

星期天我们全家人会外出散步，或者野餐。

夏天的星期天，我们会去海滩。

每年七月我们都会去乡村的集市。

每个月我们都会花一天的时间跟爸爸或者妈妈单独在一起。

我们会在每晚睡觉前祈祷，妈妈或者爸爸唱摇篮曲。

这些好玩又充满爱意的习惯产生了特别的记忆和期待，在我们童年时代以及以后的生活中提供了极大的安全感。还有一些不那么有趣和独特的习惯，但也能提供很强的安全感，最重要的是，这些习惯本身就是一种规律。大自然中万物都有规律。冬天之后是春天，春天之后是夏天。

生活中的每件事都有自己的季节。该活跃时活跃，该休息时休息，该吃饭时吃饭，该玩耍时玩耍，该开始时开始，该打扫时打扫。潮起朝落，日出日没。即使我们的身体，也要呼吸相间，苏醒，沉睡。

所有重复的行为、常规和习惯都提供了一种生活的规律，让我们知道接下来会发生什么，这会让我们感到安慰。我们熟悉将要发生的事情。所有的孩子都需要规律和习惯，但对于接受型的孩子来说，他们最需要规律和习惯，以能够从自己的壳里羽化出来并表现出其内在的天赋和才能。

一、一些实用的习惯

这里是一些为孩子的生活提供规律的重要习惯。当然，不是所有的习惯都适用于每一个家庭。这里列出来只是为了抛砖引玉。

每天早上上学前在同一时间起床。

吃饭的时候坐自己固定的地方或者椅子。

每天早上在同一时间去上学。

每天放学后由同一个人去接孩子。

在同一时间接孩子。

每个星期二和星期四去公园。

星期六洗车。

同一时间吃晚饭；每天晚上用一种特别的方法叫孩子来吃晚饭——摇铃，或者用对讲机，只需要简单地说一句：“饭好了，到吃饭时间了。”

头天晚上挑出第二天要穿的衣服。（当孩子早上不肯穿衣服时，这个建议很有帮助。）

形成一个小小的生活习惯，比如每天晚上睡觉前在同一时间洗脸，刷牙，穿上睡衣。（这种规律是非常重要的，所有的孩子都需要睡眠，在某一时间准备睡觉的生活习惯可以让他们睡得更香，从而让所有的事情都更加顺利。)

当接受型的孩子获得他们所需的规律后，能发展出巨大的力量和组织能力。他们可以创造并且维持秩序。他们热爱和平，务实能干，能够克服巨大的障碍达到自己的目标。他们非常擅长用爱的支持来安慰他人。他们前进很慢，但非常踏实、沉稳。

二、给孩子所需要的

现在，你可能会想，现在的父母决定少生孩子真是太幸运了。“给孩子所需要的”这一新观点表面上看起来似乎超出了你的能力，事实上并没有。这种新观点乍看起来也许让人感到压力很大，那是因为它是新的。但当你逐渐熟悉了这些想法，并开始付诸实施后，养育孩子会变得更加容易。

上述这些不同的养育方法确实能减少孩子的抵制，但需要时间和准备，而有时候我们既没时间，也没准备好。下面要讨论的这些技巧，即使你没有太多时间也会产生良好的效果。在下一章里，你将会学到如何倾听孩子心声，如何表达自己的希望，从而把孩子的抵制降低到最小程度，并且成功地促进孩子的合作。

打破储积、保存的习惯[①]

〔美〕丽塔·埃米特

布伦达曾经请她的四个孩子帮忙整理她自己的杂物，并取得了不错的成果。

当她第一次请孩子做志愿者时，每个孩子都觉得这个想法很可笑，但最后她8岁的孩子玛吉同意帮忙。当布伦达从她的备用卧室清理出一大堆杂物后，她小题大做地表扬了玛吉，并带她出去吃午餐，还给她买了一件新游泳衣。

从那以后，其余的三个孩子突然主动开始帮忙了。她把收拾衣橱的“特权”给了最大的女儿，因为她年纪最大，对衣服的了解最多，知道妈妈穿什么衣服好看。

布伦达明确指出，这不是一件工作，也不是一种惩罚。他们可以坐在一旁，一边吃小甜饼，喝汽水，一边给她鼓劲。她特别需要他们的鼓励，才能把那些从来没用，从来不会穿，但又觉得难以割舍的东西处理掉。

在完成了大扫除战役后，她想要问问孩子们，是否需要她帮助他们清理杂物，但她想至少等两个星期再说。否则，她解释道，她就会听起来像西方坏女巫一样：“嘿嘿嘿，我的小姑娘，现在要扔掉你们所有的宝贝了。”

---

① 选自《拖沓的孩子》，〔美〕丽塔·埃米特著，宋苗译，九州出版社，2004年8月第1版。

但令她吃惊的是，几天后，她十几岁的女儿请布伦达和她一起整理她的壁橱。当布伦达问“下一个是谁”时，其他孩子都积极响应——谁知道这是为什么？两个女孩还互相帮助。

布伦达建议让你的孩子帮助你清理杂物，因为这样能鼓励他们清理自己的杂物。（尤其是当你夸张地表现出如何喜爱那双破烂的运动鞋——脸上现出痛苦万分的神情——然后戏剧性地把它扔进垃圾桶里，这样效果更好。）如果他们自己无法打破储积和保存的习惯，那么就要帮他们建立妥善保存东西的习惯。如果你的孩子一直丢东西（或者每样东西都找不到），他们就需要一个地方来保存每件东西，并且必须学会把东西各归其位。通常，这种“保存每件东西的地方”看似如此简单，我们一生中总听到人这样说，每次听到它只会表示不屑。但对孩子们来说，它不是一个古老的谚语——你的孩子可能从来没有听说过，每件东西应该放在固定的地方。

另一个需要考虑的问题是，“存放每件东西的地方”是否是他们能使用的——那个架子、抽屉或者储藏室隔板是不是太高了，他们是不是不知道怎样把衣服挂起来，或者他们是否从来没学过怎样叠袜子或其他衣服，以使它们能放进适当的地方。

有时候，孩子房间里有小巧可爱的废纸篓或衣物筐——但是想一想：他们的脏衣服堆或废纸堆可能一点也不小巧可爱。应该给他们一个很大的衣物筐和废纸篓。他们可能需要额外的筐子放玩具、游戏或填充玩具。如果你或孩子认为这样会有所帮助，就把筐子和抽屉贴上标签，直到他们养成把东西各归其位的习惯。

你还可以帮他们找个地方，放那些他们不愿扔掉，但一时用不着的东西。一个妈妈帮助她 15 岁的儿子整理他塞得满满的壁橱和抽屉。她一直想知道，他有那么多衣服，塞得到处都是，可为什么总穿那四件 T 恤呢？一起整理衣服的时候，她找到了他 8 岁时候的童子军制服、初中时候最喜欢的 T 恤，还有一些撕破的，但是有朋友签名的运动服。她的儿子不好意思地告诉她，他就是舍不得扔掉这些东西。他的衣橱和抽屉的大部分空间都塞满了那些他永远不会再穿，但又舍不得扔掉的衣服。

她没有说他，而是帮他把这些宝贝装进了一个箱子，放在了阁楼上。现在她儿子的衣橱和抽屉有了足够大的地方，他除了穿那四件 T 恤也穿别的衣服了，而且在存放洗好的干净衣服时也更容易了，有了空余的地方，衣橱的门也能关上了。这听起来很简单，但孩子常常需要我们的指导，才能想到这些解决之道。

良好的习惯[①]

〔美〕斯托夫人

有些人在独身时，很有时间观念，把自己的生活安排得井井有条，但是成家后反而没有了头绪，尤其是在有了孩子之后，家庭成员一多，时间就显得不够了，于是整天忙乱不堪，逐渐变成了一个毫无条理的人，这样的父母当然不可能让孩了形成时间观念。父母一会儿要求孩子这样，一会儿要求孩子那样，一会儿说饿了就去吃，一会儿又说必须按时进餐，朝令夕改，让孩子无所适从。

由于父母没有时间观念，孩了就会在心理上松懈，逐渐发展到对什么都无所谓，见了好吃的东西拿起来就吃，不喜欢的书随意撕毁。这样的孩子是不可能养成良好的生活习惯的。

我认为，父母必须从小就告诉孩子，哪些东西对爸爸很重要，不能动；哪些是妈妈的东西，不能随便拿。如果弄坏了将会有什么后果，弄脏或弄乱了又将有什么后果。如果孩子不知道这么做的重要性，父母就应该声明，孩子同样要尊重父母的权利。

为了使女儿养成良好的习惯，我和丈夫都拿出了足够的耐心对女儿进行教育。我知道，只有父母能够坚持不懈地保持良好的习惯，孩子才有信心坚持下去。这些习惯往往体现在很小的事上，比如饭前洗手、向爸爸妈妈道晚安等。每当小维尼芙雷特学会一种东西，往往会兴奋得手舞足蹈，一段时间后，她那股新鲜劲儿一过，就不想再坚持了，而是再

① 选自《斯托夫人自然教子书》，〔美〕斯托夫人著，亚北译，中国妇女出版社，2004年5月。

寻找另一种有吸引力的东西。这时，我总会注意教女儿坚持每一个好习惯，我要让她明白，好习惯不是学会就算完，而是要坚持下去。维尼芙雷特有时也明白这个道理，知道我希望她保持良好习惯的迫切心理，但她会顽皮地尝试一下，看看她不遵守又会有什么结果。

我非常重视培养女儿良好的生活习惯，在日常生活中时常对她进行教育。因为我知道，一个人只有形成健康的生活习惯，才能充分发挥自己的潜能，取得一定的成就。

有一次，我发现维尼芙雷特在房间里坐立不安，一会儿干干这个，一会儿干干那个，显得非常焦急。

“维尼芙雷特，你在干什么？”我问道。

“唉，太烦人了，我的事情太多了，找不知道该怎么办才好。”

“什么事把你烦成这样呀？”

“我要学语言，要做数学题，过一会儿还要练琴。可我的时间根本就不够。”

“你在房间里学习了那么长时间了，怎么功课还没做完？”

“是呀，我在这儿做了很久了，可是什么也没有做完。”

“为什么呢？”

“我刚学了一会儿语言，又想到数学题还没做，想去做数学题，可是语言课又怎么办呢？”

我知道女儿一定是把学习的程序搞乱了，结果做起事来没有头绪，导致心情不好。而心情烦躁的时候，根本不可能做好任何事情。

“我看，你先休息一下。然后给自己制订一个计划，把做每件事的时间都仔细安排一下，想一想哪些先做，哪些后做，这样可能会好一些。”

女儿采纳了我的意见，休息了一会儿，并按我的提议对自己的功课作了详细安排。

没多久，我发现女儿的功课已经做完，并开始高高兴兴地练琴了。

“有什么感觉，现在还烦吗？”

“真怪，现在好多了。我把功课作了安排后，果然没用多久就做完了。”

“是啊！维尼芙雷特，今天的事就是给了你一个经验。以后无论做什么都应该有一个合理的安排，这样效果才会好。无论是学习还是生活都应该这样。你要记住，有计划地工作才会有好的成绩，有规律地生活才会幸福。”

我认为，孩子很需要一种合理的生活节奏，学会制订计划，知道什么时候做什么，怎么做。这对孩子的成长是非常重要的。孩子只有明白了这个道理，才能渐渐形成一种良好的生活习惯。

有规律生活的重要性①

〔美〕劳伦斯·斯坦伯格

生活井井有条的家庭与生活杂乱无序的家庭相比，家长更容易保持他们对孩子要求的一致性。生活如果变幻莫测，就很容易使家长分心，而分心的家长通常都无法做到对孩子的要求前后一致。

日常生活常规的一致性能帮助家长保持家教的一致性。

请建立一定之规来调节家庭日常生活的节奏。每天尽量做到在同一时间开饭；对于每天反复进行的事情要保持一定的常规，比如送孩子上学前，孩子放学回家后及他上床睡觉前，都给他穿适合的衣服；保证睡觉和起床的时间一定（无论儿童还是成人，规律的睡眠时间都对健康有益）。当然在周末可以稍微放宽一些，但一定要记住，周末放宽的程度越高，孩子回到工作日有规律的作息时间就越困难。

让孩子每天在固定时间就寝，这一点特别重要，除非有什么事情使得按时就寝不太可能（如你们全家去一个朋友家拜访，待过了预定的时间）或有什么事情不得不延迟就寝时间（如你答应了女儿带她去看一场表演，而这个表演肯定会超过她平常的就寝时间）。固定的时间就寝可以让他有充足的睡眠，这样家长也会轻松许多，因为睡眠不足的孩子容易烦躁，管教起来也相对困难些。

既然我们已经谈到了就寝时间，就让我们稍微离题谈谈青少年的睡

---

① 选自《成为优秀父母的十大法则》，〔美〕劳伦斯·斯坦伯格著，管益杰、尹莉莉译，北京大学出版社，2006年4月。

眠特点。这个问题经常会引发家长和孩子之间的冲突。

每个人都有生物钟，它控制着人每天的睡眠和清醒状态。不论你是夜猫子还是平常人，一天中总有一段时间非常清醒，有一段时间非常瞌睡。

科学家们发现，一旦儿童过了青春期，他们的生物钟就会发生生理性的变化，使得他们在夜间入睡变得相对困难。即使到了以往的就寝时间，他们也无法入睡，就好像成人不累却要强迫自己睡觉一样。虽然如此，可如果他们熬夜，第二天早起就会非常痛苦，并导致在学校里前几节课都处于半睡眠状态。

对于青少年晚睡的这种生理性发展趋势，家长并非没有办法。你只需要求他一个星期的每天早上都必须早起。如果坚持这样做，就能够克服他本身生物钟的自然变化。但是这种方法必须要持久地坚持才能有效。如果上学的日子你要求他早起，但周末又允许他睡懒觉到中午，那这种方法的效能就得打折扣了——不仅不能克服他身体内部的生理性变化，而且在接下来的几天里，要求他早起也会比较困难。

另外要记住，调节孩子生物钟的关键在于规定他的起床时间而非就寝时间。换句话说，周末他爱多晚睡，就多晚睡，但要坚持他第二天早上像平常一样早起。坚持固定的起床时间很有可能引起父母与孩子之间的冲突，对此得做好准备。同时你也得想到，造成孩子周一、周二早晨像行尸走肉的原因可能就是周末的懒觉。你必须得搞清楚为了纠正他这种不规律生活的行为而引起你和他之间的冲突是否值得。

不论是形成固定的就寝时间、洗澡时间、就餐时间还是学习时间，这些日常生活的常规均有助于美好的家庭生活。熟悉的日常常规让孩子感到安全，因为如果事情发生在他们意料之中，他们会感觉到事情总在自己的掌握中。这就是为什么年幼的儿童坚持父母按某种既定习惯行事。比如 3 岁的女儿睡觉前习惯先洗澡，然后听两个故事，再加上一首安眠曲。如果某天晚上你对这一套稍微改变，如说完第一个故事后就唱安眠曲，她就会不高兴，而且会纠正你，告诉你你忘记读第二个故事了，如果你不读，那她就不要听安眠曲（如果你比平时晚了一些才把孩子抱上床，那最好还是遵循已形成的习惯，只是将每一个部分时间缩短一些，而不要省略其中的某一步）。

孩子渐渐长大，他们能够更好地控制自己后，日常常规带给他们的安全感会慢慢地减弱。但很自然地，如果孩子有什么课后活动，或全家有什么周末活动、晚间活动，日常常规确实很难保持。即使这样，还是应当保持一定的家庭生活常规，甚至在孩子处于家教相对困难的青春期。这有助于形成一定的生活节奏，使家庭生活温馨、祥和。另外，这样让家长能更容易做到家教前后一致。

养成好习惯[①]

梁实秋

人的天性大致是差不多的，但是在习惯方面却各有不同。习惯是慢慢养成的，在幼小的时候最容易养成，一旦养成之后，要想改变过来却还不很容易。

例如说，清晨早起是一个好习惯，这也要从小时候养成。很多人从小就贪睡懒觉，一遇假日便要睡到日上三竿还高卧不起，平时也是不肯早起，往往蓬首垢面的就往学校跑，结果还是迟到。这样的人长大了之后也常是不知振作，多半不能有什么成就。祖逖闻鸡起舞，那才是志士奋励的榜样。

我们中国人最重礼，因为礼是行为的规范。礼要从家庭里做起。姑举一例：为子弟者“出必告，反必面”，这一点点对长辈的起码的礼，我们是否已经每日做到了呢？我看见有些个孩子们早晨起来对父母视若无睹，晚上回到家来如入无人之境，遇到长辈常常横眉冷目，不屑搭讪。这样的跋扈、乖戾之气如果不早早的纠正过来，将来长大到社会上服务，必将处处引起摩擦，不受欢迎。我们不仅对长辈要恭敬有礼，对任何人都应该维持相当的礼貌。

大声讲话，扰及他人的宁静，是一种不好的习惯。我们试自检讨一番，在别人读书、工作的时候是否有过喧哗的行为？我们要随时随地为别人着想，维持公共的秩序，顾虑他人的利益，不可放纵自己；在公共

① 选自《梁实秋文集》（第三卷），梁实秋著，鹭江出版社，2002年10月第1版。

场所人多的地方，要知道依次排队，不可争先恐后的去乱挤。

时间即是生命。我们的生命是一分一秒的在消耗着，我们平常不大觉得，细想起来实在值得警惕。我们每天有许多的零碎时间于不知不觉中浪费掉了。我们若能养成一种利用闲暇的习惯，一遇空闲，无论其为多么短暂，都利用之做一点有益身心之事，则积少成多，终必有成。常听人讲起“消遣”二字，最是要不得，好像是时间太多无法打发的样子。其实人生短促极了，哪里会有多余的时间待人“消遣”？陆放翁有句云：“待饭未来还读书”。我知道有人就经常利用这“待饭未来”的时间读了不少的大书。古人所谓“三上之功”——枕上、马上、厕上，虽不足为训，其用意是在劝人不要浪费光阴。

吃苦耐劳是我们这个民族的标识。古圣先贤总是教训我们要能过得俭朴的生活，所谓“一箪食，一瓢饮”，就是形容生活状态之极端的刻苦，所谓“嚼得菜根”，就是表示一个有志的人之能耐得清寒。恶衣恶食，不足为耻，丰衣足食，不足为荣，这在个人之修养上是应有的认识。罗马帝国盛时的一位皇帝 Marcus Aurelius，他从小就摒绝一切享受，从来不参观那当时风靡全国的赛车、比武之类的娱乐，终其身成为一位严肃的苦修派的哲学家，而且也建立了不朽的事功。这是很值得令人钦佩的。我们中国是一个穷的国家，所以我们更应该体念艰难，弃绝一切奢侈，尤其是从外国来的奢侈；宜从小就养成俭朴的习惯，更要知道物力维艰，竹头木屑，皆宜爱惜。

以上数端不过是偶然拈来，好的习惯千头万绪，“勿以善小而不为”。习惯养成之后，便毫无勉强，临事心平气和，顺理成章。充满良好习惯的生活，才是合于“自然”的生活。

卫生上的习惯①

陈鹤琴

原则一：小孩子不肯穿衣服的时候，我们最好用诱导的方法去叫他穿

宽仁每天早晨起来总不愿意穿衣服。他母亲因为他穿衣服的时候要哭要吵不肯穿，就去打他的屁股，有时候拧他的大腿，用种种高压手段去压服他，他没有法子只得吞声饮泣地让她穿起来。

近来（2岁零2个月）一鸣每天早晨穿衣服的时候，他母亲给他一本图画书看看，有时候同他唱唱歌，讲讲故事，因此他常常忘记穿衣服这一回事，安安稳稳地让他母亲穿起来了。

小孩子大概是不喜欢穿衣服的，在冬天气候寒冷的时候，尤其不喜欢穿。穿的时候，做父母的倘使不和他说说笑笑，或唱唱玩玩，他就不愿意穿衣服了；如果以种种方法去引诱他，他就顾不到穿衣服这件事情了。但有许多做父母的，总不以好方法去引诱他，而以强迫手段去压制他，如宽仁的母亲去打宽仁，使小孩子不得不穿，不敢不穿。这种手段不可用，因为做父母的教育小孩子，应当以“循循善诱”为依归，不应

① 选自《家庭教育》，陈鹤琴著，华东师范大学出版社，2006年5月第1版。

当以力迫威胁为能事。虽引诱和威胁都使得小孩子服从，但小孩子心里的愉快与不愉快则不可以道理计了。以引诱或威胁的手段去对待小孩子，不仅小孩子心里有愉快或不愉快之分，就是做父母的自己也有喜怒之别。因为做父母的以引诱方法去引诱小孩子穿衣服，在小孩子一方面固然高兴，就是做父母的一方面同时也受着快感。否则扮出一副鬼脸，伸出一只巴掌，以恶狠狠的样子去对待小孩子，小孩子固然受着无穷的痛苦，我想做父母的也不见得会高兴的。这样做父母的对待小孩子何苦不用引诱的方法呢？若诱导他，而他仍旧不听，再用强迫手段也不算迟，何苦贸贸然去强迫他呢？还有许多小孩子早晨起来高兴，踢踢脚，摇摇手，爬来爬去不肯穿衣服，做母亲的就去骂他："死东西！你有什么高兴？几天不打，骨头又要痒了，快来穿衣服！"骂毕就很快地把他去拖来。那天真烂漫的一个小孩子，受了她一番责骂，竟形同木鸡一样了。做母亲的要使得小孩子高兴尚恐不及，今小孩子高兴而竟去弄他不高兴，究竟是什么道理呢？这种母亲真是无知识极了。又有许多做母亲的因为小孩子不肯穿衣服，把糖、糕等物给他吃，以引诱他。这种教法比以上所说的一种教法好得多了，但是小孩子在未洗面未刷牙以前，吃糖、糕是很不卫生的（关于这一点，容后再详）。他们不懂其中道理，以食物来引诱小孩子，使小孩子身体上受了伤害，实在是很不对的。从以上种种归纳起来，我可以概括地说几句：（一）做父母的应当诱导小孩子穿衣服。（二）引诱他而他不肯，那么应当强迫他。（三）小孩子早晨起来高兴而不肯穿衣服，做父母的尤应当劝告他，不宜去责骂他。（四）小孩子不肯穿衣服，做父母的绝对不宜以食物来引诱他。以上四点，关于小孩子穿衣服是很紧要的，我希望做父母的要注意。

原则二：小孩子应当天天刷牙齿

一鸣在1岁半以前，我们天天用药水棉花裹在手指头上替他揩揩牙床，洗洗舌头，擦擦上下两腭。1岁半以后，我们就用一个小牙刷替他刷。刷到了现在，他已经有3岁半了，我们有时候叫他自己刷牙了。

有许多小孩子，大概可以说不刷牙齿的。早晨起床以后，随随便便的把面一抹就去吃早饭了。倘使有几个小孩子看见父母刷牙齿，也要刷，他们的父母也不答应他的。他们以为小孩子年龄幼稚，牙齿上没有什么肮脏的，用不到去刷洗。其实小孩子既然能够吃东西，牙齿上和牙床上，必定也粘着许多肮脏东西；倘使不去刷它，不仅口里发出一种口气，就是于牙齿上说起来，也是有许多害处的。我们不是看见有许多小孩子，不到六七岁，他们的牙齿不是个个掉下，就是烂去半截，虽其大半原因由于多吃糖食，但是从小不洗刷牙齿也不无关系。做父母的不欲小孩子的牙齿好则已，如果要小孩子的牙齿好，非叫他们洗刷不可。但是普通小孩子都不喜欢洗刷牙齿。如他不喜欢刷，可用种种方法去暗示他。例如用彩色图画去暗示他，这张图画上，画了两三个儿童在一间美丽的洗面室内，很起劲的都在那里刷牙齿；站在他们的旁边，又有一位笑嘻嘻的母亲看着他们刷，儿童看了这种图画，大概就要模仿他们去刷牙齿了。不但图画是一种很好的暗示品，就是家庭中的人也可以做一个样子给他看的。小孩子看见家里的人都刷牙齿，恐怕他也要模仿刷了。总之，小孩子的牙齿是一定要刷的；如果他不肯刷，做父母的要用种种方法去暗示他。

原则三：小孩子洗面刷牙，应当在一定的地方做，不应当在任何地方洗刷

陈某搬到新房子里来以后，就在餐室的隔壁另开一间洗面室。他们洗面、刷牙、洗澡等事，都在这间洗面室内做。他们的小孩子洗面、刷牙也是这样的。

有不少家庭大概是没有洗面室的。妇女洗面总在房里，男人洗面有时候在客厅里，有时候在书房里，看到什么地方便当，就在什么地方洗刷，从没有一定地方。成人如此，小孩子自然可以不必说了。小孩子在家里洗面既然没有一定的地方，后来到了学校里去，洗面刷牙也不愿意有一定的地方。我的朋友张君告诉我一个故事说：上海某中学有一个学生，他洗面刷牙永不肯在盥栉室内做。他每天早晨起来，就把开水壶的

开水倒在面盆里，将面盆捧到走廊上面去洗，有时候捧到寝室里去洗。洗好以后，就随便向窗外一泼。有一天，事不凑巧，他把洗过面的水都泼在舍监的头上了。他自己知道已经闯了大祸，马上将手巾、面盆等物静悄悄地从后门拿到盥洗室去了。舍监又气又急。抬头一看，泼水的已经不知去向了。他赶到楼上，在寝室里各处乱寻，寻了半天，不但人寻不着，就是洗面的器具都一样没有，只见桌上一块水迹而已。他没有法子，只得打起舍监的牌子来，出了一张告示，说："盥洗自有专室，何可到处乱洗，近有不法之徒，竟敢违背规律；刷牙不在盥室，洗面竟在房里；将水随便一泼，泼在我的头皮，我固不甚要紧，负疚在你自己；今后宜自悛悔，务须痛改前非；倘仍怙恶不悛，只好按律惩你；特此谆谆告戒，仰我同学知悉。"自从出了一张很妙的告示，大家都传为笑话。这个泼水的学生，又在他的告示上很滑稽地批上好几句，每天早晨仍旧在寝室里洗面刷牙。舍监气极，天天去伺候他。不到几天，果然被舍监捉到了，连人连洗面的器具一同带到舍监室内。除了重重地责骂他以外，又记他一个大过。这个学生，也明知不应当在寝室里洗面，但是因为在家里成为习惯，不容易改，所以到学校里就有这种行为了。从这种地方看起来，你看家庭教育要紧不要紧？但是学生为什么一定要在盥洗室内洗面呢？这是因为在别处洗刷，秽水满地有碍观瞻、有妨卫生的缘故。

原则四：小孩子洗面的手巾，应当独自一条

一鸣洗面是独自一条手巾的，它的样子比我们所用的，略微小一些。他洗的时候，就用这条手巾，洗好以后教他把这条手巾挂好。

文煊的手巾是与大家同用的。实在说起来，他的家里只有一条很肮脏的手巾。患目疾的老祖宗洗洗，生癞疥疮的小姑娘也洗洗。他每天早晨起来，他母亲也就用这条手巾替他洗面。不多几天，文煊的手上生了一颗颗的疮，但是他的母亲，不说是疮，说是疹子。再过几天，文煊的眼睛也红起来了，他母亲

不说他是眼睛痛而说他因为醒夜的缘故。后来他的疮一天一天的多起来了，眼睛一天一天的红起来了，他母亲方才知道是从他的老祖宗和小姑娘那里传染来的。她花费许多钱方才把他的目疾和疥疮医好。

不少家庭的手巾，大概是大家公用的。至于小孩子独自一条手巾，那实在不大有的。父母也洗洗，兄弟也洗洗，手巾上的眼屎和鼻涕干自然可以不消说的了。倘使小孩子用这种手巾洗面，非但不清洁，而且要传染许多病。所以家里有一人患肺疾，那小孩子也患肺疾；有一人患目疾，小孩子也患目疾；有一人生癞疥疮或各种皮肤病，小孩子也要患同样的病，其害之大，真不堪设想。又有许多做母亲的不仅与小孩子同一条手巾洗面，而且与小孩子同一面盆水洗面，问其原因，不曰省水浆，就说免麻烦。其结果，小孩子的面孔，不但没有洗干净，而且粘着许多的肮脏物。这种洗面，还不如不洗好，免得小孩子传染许多毛病。

原则五：小孩子洗面须注意到耳鼻和眼睛

我们替一鸣洗好面以后，再用硼酸或浓的茶汁替他洗洗眼睛，用药棉裹在火柴杆上替他洗洗鼻子。至于他的耳朵，我们不用别的东西去洗，不过用手巾揩得干干净净罢了。

文德的面孔常常是不干净的，他的父母替他洗，也不过随随便便的一揩。眼睛、鼻子和耳朵，他们是永洗不到的。所以文德的眼睛常红，鼻子常黑，耳轮上常常有一圈一圈的花纹。

俗语说："扫地扫壁角，洗面洗眼角。"眼角不过是面孔的一部分，言眼角，则鼻子和耳朵俱概括其中了。照这样说来洗面不仅仅在两颊上揩揩罢了，也应当在眼角上好好儿洗洗揩揩的；不仅在眼角上洗洗，也应当在鼻子上、耳朵里好好儿洗洗的。做父母的大概都知道这两句话，但是他们替小孩子洗面的时候，有许多人没有注意到小孩子的眼角、鼻子和耳朵。他们不过在小孩子的颊上轻轻的揩一揩，敷衍了事罢了。这

种情形，好像一班善男信女替土地庙里的土地公公土地婆婆开光一样，洗与不洗没有什么两样，所不同者不过两边颊上多两块水迹罢了。这种样子，非但使小孩子容易惹人讨厌，而且小孩子的身体也受着很大影响。眼睛不洗干净，则眼眵留在眼上，久而久之，易致眼疾，其害一。鼻子孔不洗干净，则鼻管塞住，呼吸不灵，势必至于以口呼吸；以口呼吸时，必张开其口，灰尘和各种有害的微生物容易入肺，其害二。以口呼吸，在雾露天气容易受寒，其害三。以口呼吸，睡眠时，常常发生鼾睡的声音，使同居者不得安睡，其害四。喉鼻容易发生毛病，其害五。至于其他的害处，如妨害唱歌、说话等，那就可不必细说了。所以做父母的应当很仔细地替小孩子洗面，不应当因为要免却麻烦，就随便一洗罢了。至于洗的东西，洗鼻子最好用药棉，洗眼睛最好用硼酸，如果硼酸不容易得到，那么用浓的茶汁亦可；至于耳朵，除用手巾揩耳轮之外，须再用凡士林洗洗他的耳朵洞。总之，做父母的替小孩子洗面，以清洁为主，不应当敷衍了事。如果贪片刻的安逸，那就要贻莫大之忧了。

原则六：小孩子未穿衣、洗面、刷牙以前，不宜吃东西

一鸣在2岁零7个月的时候，有一天早晨醒来就向他母亲要糖吃，他母亲给他葡萄糕，他不要就哭，一直哭了8分钟的样子。20分钟以后，他就向他母亲要那以前不要的糕了。假使他要糖的时候，他母亲没有给糕吃，那他哭了8分钟就完事了。

一鸣在2岁零9个月的时候，我们要他实行醒来先穿衣洗面刷牙后才吃早餐。有一天，他醒来不愿意穿衣服，我们用种种方法引诱他穿，他总是不肯；后来无可奈何，只得把他打一顿，强迫他穿了。第二天他就很愿意地先穿后吃了。以后也就没有发生先吃后穿的问题了。

小孩子未穿衣洗面刷牙以前，吃东西是不好的。不穿衣而吃东西，容易受寒，其害一。隔一夜牙床上有秽污的东西，倘使不去刷洗它而马上吃东西，很不卫生，其害二。不洗面而吃东西，不雅观，其害三。总以上三害而观之，做父母的是不应当让小孩子先吃而后穿衣洗面刷牙的。但是有许多做父母的，不计利害，小孩子一醒来，就把东西给他吃，有时候，小孩子不要东西吃而硬给他吃，以为要小孩子身体强壮非此不可，以后小孩子成为习惯，一起来就要吃东西了。不过我听说小孩子未穿衣洗面刷牙以前不宜吃东西，是对较大的小孩子说的，如果很小的小孩子恐当做别论。一鸣在 1 岁零 2 个月的时候，早晨起来，我们先给他吃牛乳，吃牛乳以后，就给他几块糕饼以充饥，因为在 1 岁以内的时候，他早晨醒来，他母亲即喂他乳（这是做母亲的都如此的），后来穿衣服洗面刷牙。到了断乳的时候，他醒来就给他吃牛乳、糕饼，以当早餐，至于甜食如糖类是大概没有给他吃的。他约到了 1 岁半的光景，除了牛乳和糕饼以外又给他吃早餐。在这时候，他醒来不应当就给他吃牛乳和糕饼，因为他年龄已大，又另吃早餐，我们应当把牛乳移到吃早餐的时候；至于糕饼是应当取消了。以上两例我对待一鸣小的时候是这种样子的，我想凡是很小的小孩子都应当如是的。总之，较大的小孩子，未穿衣洗面刷牙以前，不宜吃东西，至于较小的就不在此例，做父母的随时观察，应机而行罢了。

原则七：小孩子吃东西以前须洗手，吃后须揩手

一鸣自从 2 岁零 10 个月以来，每天早晨吃点心以前，他的幼稚园的教师总叫他先洗手，到了下个月 5 日的这一天，他未吃点心以前，就自己去洗手；不但如此，后来吃饭以前他也一定要洗手了。有时候忘记去洗，他正在吃的时候，忽然想到就去洗手了。

东生吃东西以前，是从不洗手的，吃后也永不揩手。有一次他在外面挖石头、拔青草的时候，忽然听见他的父母和兄弟姊妹们大家吃鸡蛋糕，他就立刻跑回来抢鸡蛋糕吃了。他母亲

对他说："你的手是很脏的，到面盆里去洗一洗，再来吃。"他哪里肯依，他恐怕鸡蛋糕被他们吃光，所以也不管手脏不脏，就马上来吃了。吃了以后，也不去揩揩手，将手上的油向他自己的衣襟上一揩。还没有揩干净，忽然看见他的娘舅来了，他显出很快活的样子，将很肮脏的手去拉他娘舅的衣襟，他娘舅也没有顾到他的手，很高兴地去摸摸他的头，抱起来了亲亲他的嘴；后来看见他的手就想到他的衣襟，低头一看，啊哟不好了，崭新的一件夹衫已经有十来个手指印了。他也不好意思去说他，只得自认晦气罢了。

小孩子平时是很好动的，东拿拿西抓抓，手上不知粘了多少尘埃，倘使小孩子不洗手就去拿东西吃，那么尘埃与食物要一同到肚子里去了。许多小孩子在夏天的时候，常常去捉苍蝇扑蝴蝶，手上的微生虫不知粘了多少。他们也不管什么，一看见东西就去拿了吃，做父母的也不去禁止他们，以为小孩子一天到晚总不会清洁的，何必去洗手多麻烦呢？做父母的如此，做小孩子的也是如此，到了后来，小孩子就沾染了疾病，有的小孩子竟因此而死去，你看可怜不可怜呢？所以我说小孩子吃东西以前，一定要洗手的。至于吃东西以后，也要揩揩手的。因为手拿食物以后，大都要肮脏的。倘使拿了后，不去洗手，那么小孩子不是把这肮脏东西粘在自己身上，就要粘到别人身上了。粘在自己身上不清洁，粘在别人身上不道德，说来说去都是不行的。但是有许多小孩子吃东西以后，总不揩手的，做父母的也没有叫他去揩，到了后来，小孩子这种行为慢慢儿成为习惯。其中的害处，更不堪闻问了。所以做父母的，当小孩子小的时候吃东西以后，一定要他揩手。这种事情是很容易的，我劝做父母的大家去做做罢。

原则八：小孩子吃饭的时候，应当有适当的盘、匙

一鸣1岁半以前吃饭，由他母亲喂他吃的；1岁半以后，我们就常常让他自己吃。初吃的时候，我们给他大的盘子和弯柄的匙；到了两岁半，教他慢慢儿用起筷子来。

小孩子手筋未发达的时候，使用普通碗筷是很不便当的。我们常常看见许多小孩子用尽许多气力，不但不能够取到一点菜一粒饭，而且弄得饭粒狼藉，菜蔬满桌。这种样子既暴殄天物，又惹人讨厌，于父母与小孩子两方面都是不好的。倘使做父母的给他适当的盘、匙，那以上各种弊病大概可以免掉了。因为汤匙容易取食物，而大的盘因为面积较大不容易狼藉食物，所以小孩子不能使用碗、筷的时候，做父母的应当给他适当的盘、匙。等到他手筋已经发达能够使用碗筷的时候，那我们就叫他慢慢用普通的饭碗，用普通的筷子。

原则九：小孩子吃饭时，应当要有适当的桌椅

一鸣两岁以前，我们替他特制一张高脚坐椅桌，两岁以后，再替他做一小椅一小桌。

我们中国普通家庭，小孩子吃饭的时候，缺少适当的椅桌。小孩子两岁以内，做母亲的常常一只手抱他，一只手喂他，小孩子既然不舒服，做母亲的尤觉得不便当。不是碗瓢坠地，就是食物污襟，害处很多，不胜缕述。等到小孩子能够自己吃饭的时候，做父母的就叫他到桌上去同成人一同吃了。要知道成人吃饭的桌子，是很高的桌子，而小孩子的上身短，所以小孩子吃饭的时候，是不便当的。成人坐的凳子，大概也是很高的，小孩子坐着这种凳子，宕着两只腿去吃饭，也是很不便当的；做父母的因为他的种种不便当，就叫他站在凳子上面，凳子肮脏可以不说了，有时候还会从凳子上跌下来，弄得皮破出血。总而言之，小孩子吃饭时要有适当的桌椅。

原则十：小孩子吃饭的时候，须要有围巾

一鸣每餐吃饭以前，我们总替他系一条围巾。现在吃饭以前，他自己一定要围围巾了。

小香吃饭的时候没有围巾，饭粒满襟，菜茎满肩，一件布衣服，弄得亮皎皎的好像缎子一样。她吃饭以后，也不洗手洗

面，她的嘴用两只袖子左右一揩，她的手指头，向她自己的襟上，上下一抹，而她的母亲也不大替她洗衣服，所以她的一件衣服的肮脏，真不堪闻了。夏天的时候，许多苍蝇都飞到她的衣襟上去吃饭粒菜茎，有时候这种苍蝇趁她睡熟的时候，飞到她的鼻头上、嘴唇上、眼睛旁边去吃她身上的肮脏东西。

吃饭的时候，很容易把菜饭狼藉在衣襟上面。小孩子手筋不发达，捏筷不稳，更加容易狼藉菜饭。倘使没有围巾替他系着，衣襟上肮脏不说可知了。这种样子，非但不雅观、不卫生，也使得小孩子养成不爱清洁的习惯，影响于小孩子，实非浅鲜。但是许多做父母的没有想到这种弊病，不替小孩子做一条围巾，以致小孩子食物常常沾染胸襟，养成不厌肮脏的劣性。且有时把衣襟衣袖来揩揩嘴巴和手指头。倘使有了围巾，那就可以免掉以上几种弊病，并且可以养成爱清洁的习惯了。有的母亲，也知道小孩子吃饭的时候，有围巾的好处，但是她们因为怕麻烦，不愿意替他们去做，即使做起来，也不愿意给他们用。其实一条围巾也没有多大，比较一件衣服已经小得多了。洗一条围巾便当呢，还是洗一件衣服便当？

原则十一：小孩子小食的分量不宜太多，而且要有定时

我们每天给一鸣吃小食的时候，上午总在10点钟左右，下午总在4点钟左右。给他吃的东西也不太多，仅仅能够充饥罢了。

青儿的家里是很有钱的，所以各种茶食也是很多的，什么鸡蛋糕呀，杏仁酥呀，茶糕呀，饼干呀，各种小食都应有尽有。他的父母因为爱他的缘故，所以常常把这种小食给他吃，吃的分量是很多的，而吃的时候也永没有一定的，什么时候要吃，就什么时候给他吃；要吃多少，就给他多少。他因为多吃小食，就不要吃饭，到了后来，常常害便秘的病，慢慢儿现出

瘦弱的样子。

给小孩子吃小食的目的是要使他充饥，不是要使他吃得很饱。小孩子饥饿的时候，上午总在10点钟左右，下午总在4点钟左右，所以给孩子吃小食的时候，以这两个时间为最适宜，而给他所吃的东西，也只能够充他的饥饿罢了。但是有许多做父母的不懂这种道理，以为小孩子多吃东西则容易长大，多吃东西则容易强壮，所以不论什么东西，不论什么时候，有则给他吃，吃则尽他量。小孩子因为多吃东西就不要吃饭了，不吃饭，身体上就要受很大的影响，甚至因为多吃闲食，常常弄得食积成病，小则犹可，大则殒身，做父母的到了这个时候，真正要后悔莫及了。所以做父母的不爱小孩子则已，如果要爱小孩子，不宜多给他小食吃，而且吃的时候要有一定标准。

原则十二：应当叫小孩子独自先吃饭

> 近来我们吃饭的时候，一鸣（时2岁零9个月）也吃饭。他母亲因为要喂他吃，所以不能够与我们同吃。等喂好了，她方才独自个吃，而所吃的都是“残羹剩肴”了。后来我们搬到新房子里以后，就先给一鸣吃饭，使他母亲可以同我们一同吃。

有许多家庭，小孩子自己不能够拿筷子的时候，由母亲喂他；等到他自己能够拿筷子，就让他自己爬上桌子，同大家一同吃。这种情形在社会上是常常见到的，我也可以不必举出“千篇一律”的例子来，使得阅者诸君讨厌。至于其中弊病，我且一一述之。做母亲的一面既要喂小孩子吃饭，一面又要自己吃，使她食不舒服，其害一。有时候，因为要喂小孩子，她自己吃得太迟的缘故，弄得不但没有菜蔬，而且饭又冰冷，当然不宜，其害二。小孩子既然同大家同吃，看见桌上好吃的东西，就要来抓来拿，这种样子，极不雅观，其害三。拿抓不得就号啕大哭，鼻涕与饭齐嚼，眼泪和汤同饮，使小孩子食不卫生，其害四。做母亲的因为他要吵要哭，有妨害大众的安宁，为委曲求安起见，不得不拿来给他吃，久而久之，渐成食积，使小孩子小则生病，大则殒身，其害五。吃是个个人喜欢的，小孩子一看见有美味的食品，就鹰眈虎视，目不他瞬；有时候竟把这样食品移来，摆在自己的面前，养成他强霸的行为，其害六。照以上六种情形看起来，小孩子和大家同吃，于母子两方面都是有害的，但是有许多做母亲的，以为爱护小孩子非此不可，这真是弄错了。推想做母亲的牺牲自己的权利去喂小孩子的缘故，有许多是因为溺爱小孩子，但是大多数一则是因为小孩子独自吃饭，盘碗等物容易弄破；二则是因为容易把饭粒狼藉，所以她自己去喂他。要知道弄破几个碗，是没有十分大要紧的。他头几次弄破，以后不见得常常会弄破的。小孩子狼藉几颗饭粒，也不打紧的。五谷固须尊贵，但是狼藉几颗，只要拾起来喂鸡狗吃了就是了。至于为了狼藉饭粒要遭天谴，而去喂小孩子吃饭，那是更加错了。

但小孩子到了年纪稍大一些，知识稍开一点，自制能力稍强一点，那应该同家中的成人同食，以享受团聚之乐，那时候，又当别论了。

夏天的选择①

肖复兴

孩子一生下来，都会面临许多选择，比如，是吃母奶还是吃牛奶；是听唱歌还是看图画；是玩洋娃娃还是玩枪；是哭还是笑……诸如此类，不胜其多。这里有客观方面的原因，比如家长的制约等，但有时候也有孩子主观方面的原因。也就是说，在选择什么不选择什么的问题上，孩子自己是有主动权的，并非仅仅是被动。我们做家长的，不要以为孩子小就主观地替代了他们的选择或根本不把他们的选择当回事儿。

孩子就是在这样一次次的选择中长大的，或者说是在这样一次次选择中将自己的习惯、脾气秉性乃至性格塑造成的，而在长大之后无法更改。

三四岁的时候，小铁刚上幼儿园。他上的是日托，我不大赞成让孩子上整托，也就是让孩子住在幼儿园里，只是到星期天才接回来。那样做家长可能省事省心也省力，但我一直觉得孩子小时候还是在父母身边最好，父母是孩子的第一个老师而且是最好的老师，孩子小时候所需要的亲情和知识两方面的教育，是条件再优越的幼儿园也无法替代的。我或者他妈妈再忙也要每天去幼儿园接他。在回家的路上是和孩子交流的最好机会，憋了一天的孩子会滔滔不绝地告诉你他想说的一切。

那时幼儿园的旁边有一家商店，店门口摆着好多小摊，卖各种零食，一年四季雷打不动，变化的是夏天卖冰糕，到冬天就改卖糖葫芦

① 选自《父亲手记》，肖复兴著，河北人民出版社，2001年9月第1版。

了。恰恰这两样都是小铁喜欢吃的。

店门口还有一个报刊亭，卖各种报纸杂志，花花绿绿地摆满一亭子。这恰恰也是小铁喜欢去的地方。

每天黄昏，从幼儿园回来，小铁总要光顾这里。要说，哪个小孩不嘴馋？哪个小孩不爱看幼儿画报之类的东西？做家长的看着孩子吃着看着，又有物质食粮又有精神食粮，是很惬意的事情。

那时候，小铁最喜欢看《幼儿画报》《幼儿童话》《小朋友》……每次到了那里，只要看见它们，非买不可。这些画报一般是每一个月或每半个月出一期，架不住品种多，出版日期不一样，几乎不出一星期就会有新面孔出现，招引着小铁去那里，磨我掏腰包。

那时候，日子过得并不富裕，这样又是吃又是看，腰包瘪瘪的很快就成了问题。我便和他妈妈商量，得有个限制，让孩子自己去选择，要买吃的，就不能买画报。这样，一方面让他知道过日子的艰难，另一方面也看看他到底最喜欢哪一种，是重物质还是重精神？

这天，我接他从幼儿园回来路过商店门前，他又像以往一样想两样都要。我对他说："爸爸兜里的钱不够了，再说咱们一家子一个月还得过日子呢，你必须从吃的和画报两样里选择一样。"

他看我说得很坚决，知道没有通融的余地了，大眼睛眨了眨，望望亭子里的画报，望望小摊上的雪糕，然后又望望我，看得出一时舍弃哪一样对他都不是那么心甘情愿。我的心也在不住地发软，因为那天天气很热，看他小脸被太阳晒得通红，嘴巴干燥，可怜巴巴的样子，尤其是好多别的家长接了孩子都到冷饮摊前给孩子买雪糕，心想自己对孩子是不是有些太苛刻了？日子过得并不是真的那么紧张，干吗让孩子在这么大热天里受委屈？

但我很快就把自己一时浮上来的恻隐之心压了下去。什么事情都是第一次难，什么事情都是家长别先缩回才能要求孩子按照一定的标准往前走，否则，什么事情都会前功尽弃。

孩子虽小，但察言观色的本领都很大，我这一时的犹豫，他肯定察觉到了，伸出小手拉了拉我的手，可怜巴巴的叫一声："爸爸……"叫得我差点心软了，他到底还是孩子，干吗不让他的童年过得随心所欲痛快点儿？不就是一支雪糕和一本画报吗？干吗要为难他呢？

“爸爸……”他又叫了一声。

这一声把我叫清醒了。我必须坚持和他妈妈商量好的一切，让孩子从小多少懂得一些生活并不能全都随心所欲，谁也不可能把太阳和月亮都揽在自己的怀里，而选择是早晚的事，是必须的事。我咬咬牙，握住他的小手，继续坚决地说：“你挑吧，只能买一样。”

他知道暂短的犹豫已经如风逝去，一切只能这样了，磨蹭了一会儿，只好说：“那我就买画报吧。”

我替他买了那本《幼儿画报》。他立刻看了起来，一路爱不释手。

回到家，我先给他倒了一大杯凉白开水，然后有些心疼地问他：“渴了吧？”

他摇摇头：“不渴。”继续看那本《幼儿画报》，那里面仿佛有无数有趣的故事吸引着他，使他忘记了那馋涎欲滴的雪糕。

以后，我再到幼儿园接他，碰上这种关于雪糕和画报的选择的时候，他不会再有什么犹豫，哪怕我心慈手软或有意逗他说买支雪糕吧，他也不买，而只买一本画报。那个夏天的选择，让他形成了习惯。什么事情只要形成了习惯，便不再用家长操心，就像沿着一条老路回家不会迷途一样。孩子时代好的选择，有益于帮助孩子好习惯的养成，而且让他幼小的心能学会多一点承载，别什么都是那样吃粮不管穿的样子。

良好的习惯是孩子成功的基本①

章龄龄

俗话说："多高的墙，多深的基。"否则，根基不牢，地动山摇。从事建筑是如此，做人更是如此。儿时养成良好习惯对人的一生具有决定性的意义。所以，中国俗语中有"三岁看大，七岁看老"之说，其含义之一就是从儿时的习惯如何可以推测未来。

良好习惯对于人的发展究竟有何意义呢？也许，木桶理论可以从某一个角度解释清楚。木桶理论认为，一只木桶盛水的多少，取决于最短的木板，而不取决于最长的木板。对于人的发展同样如此，人的失败往往是由于自己的某种缺陷所致。

北京某外资企业招工，报酬丰厚，要求严格。一些高学历的年轻人过五关斩六将，几乎就要如愿以偿了。最后的关键是总经理面试。总经理说："我有点急事，你们等我 10 分钟。"总经理走后，踌躇满志的年轻人围住了总经理的大办公桌，你翻看档案，我看来信，没一人闲着。10 分钟后，总经理回来了，宣布说："面试已经结束。很遗憾，你们都没有被录取。"年轻人大吃一惊："面试还没开始呢！"总经理说："我不在期间，你们的表现就是面试。本公司不能录取随便翻阅主管档案的人。"年轻人全傻了。因为从小到大，没有人告诉他们这个常识，更谈不上习惯的养成。

与上述例子相反，良好的习惯也常常助人成功。40 年前，苏联宇

① 选自《这样的孩子也会赢》，章龄龄著，河南出版集团，中原农民出版社，2006 年 9 月。

航员加加林，乘坐“东方”号宇宙飞船进入太空遨游了108分钟，成为世界上第一位进入宇宙空间和从宇宙中看到地球全貌的人。他在20多名宇航员中，之所以能够脱颖而出，起决定作用的是一个偶然事件。原来，在确定人选的前一个星期，主设计师罗廖夫发现，在进入飞船前，只有加加林一个人脱下鞋子，只穿袜子进入座舱。就是这个细节赢得了罗廖夫的好感，他感到这个27岁的青年如此懂得规矩，又如此珍爱他为之倾注心血的飞船，于是决定让加加林执行人类首次太空飞行的神圣使命。

从更深刻的意义上讲，习惯是人生之基，而基础决定人的发展。大量事实证明，习惯如何常常可以决定一个人的成败，也可能导致事业的成败。

毫无疑问，培养孩子良好习惯的神圣责任，别无选择地落到了广大父母与教师的身上。

有人悲观地说：“孩子的坏习惯都是跟大人学的，没有大人能教孩子好习惯，教了也没用。”我却充满自信，因为我们绝大多数父母与教师是充满爱心的，一旦明白了良好行为习惯决定孩子的命运，自会为孩子改造成年人的世界。

父母不可能也不必成为教育家或心理学家，甚至不必成为教师或教师的助教，但是，父母必须承担起最基本也是最重要的责任——培养孩子的良好习惯，而良好习惯的核心是学会做人。

为了改变空泛无效的德育状况，我建议全社会携手培养小学生的10个良好习惯：

（1）说了就要做（诚实守信）。

（2）耐心听别人讲话（尊重别人）。

（3）按规则行动（规范行为）。

（4）时刻记住自己的责任（不忘责任）。

（5）节约每一分钱（学会节俭）。

（6）天天锻炼身体（健康第一）。

（7）用过的东西放回原处（物归原处）。

（8）及时感谢别人的帮助（勇于表达）。

（9）做事有计划（成功必备）。

（10）干干净净迎接每一天（喜欢清洁）。

当然，良好习惯远不止以上 10 个，这只不过择其要而言之。我想，具有上述 10 个好习惯的小学生，就是一个素质优良的人。作为发展中的儿童，难以同时具备上述全部良好习惯，却可以根据各自的实际状况，排出轻重缓急的顺序，逐步去体验和养成。毫无疑问，在这一过程中，家庭和学校的作用是巨大的，甚至是决定性的。缺乏上述良好习惯的学生，自然可以努力补课，但如能从幼儿时期做起，效果会更佳。

关于“小学生 10 个良好习惯”，这里做一些简单的解释：

（1）说了就要做。诚实守信是人的立身之本，是全部道德的基础。一个言而无信的人，是不堪为伍的；一个言而无信的民族，是自甘堕落的。

（2）耐心听别人讲话。尊重他人是最重要的文明习惯之一，也是吸纳一切智慧的必要态度。因此，从小学会用心倾听各种声音，而不去贸然地打断别人或随意插嘴，是现代儿童应有的良好素养。

（3）按规则行动。按规则办事是地球公民学会共处的基本准则。如果每个人只从自身利益出发，不遵守公共规则，不考虑他人的意愿，这世界必定永无宁日，也必定危及每个人的利益。中国加入 WTO 的现实，尤为紧迫地提出了这一强烈需求。对于儿童来说，养成做事之前先了解规则的习惯，并自觉遵守有关规则，是儿童社会化的规范。譬如，从小应习惯于公共场所的排队，而拒绝投机取巧。

（4）时刻记住自己的责任。是否具有责任心，是衡量一个人是不是现代人的主要标志之一，也是衡量儿童社会化能力的关键指标之一。在现代社会里，人们相互依赖的程度越来越高，分工日趋增细，分工越细越需要责任心，因为任何一个环节的失职，都可能导致整个事业的崩溃。一代又一代人的责任心状况，将对人类的生存产生越来越大的影响。

（5）节约每一分钱。每个人的节俭不仅仅显示了个人的道德观与生活能力，也与整个人类生存发展密切相关。节约每一分钱的实质是节约资源，并从中体验人类的高尚情感与博大智慧。

（6）天天锻炼身体。健康第一是儿童教育永恒的方针，也是儿童幸福的基本保障。一个重要的发现值得人类铭记：一个人如果在童年无法

养成运动习惯，长大了更难养成运动习惯，而一个没有运动习惯的人，生命的质量必定下降。因此，小学生每天应保持睡眠10小时，学习不超过6小时，而运动1小时以上。

（7）用过的东西放回原处。自始至终对于儿童是困难的，却又是十分必要的。用过的东西放回原处，这不仅有助于培养儿童思维的有序性，也有益于其责任心的形成。对于父母与教师来说，用百次机会可养成儿童某种文明习惯，若错过最佳教育时期，千次、万次也是白费心机。

（8）及时感谢别人的帮助。对于一切来自他人的帮助都应心存感激，对于一切妨碍他人的行为都应心存愧疚，这是一个人的正常反应。如能养成及时表达内心感受的习惯，既可以与他人心灵沟通，又可以避免遗憾的产生，从而使自己处于健康并积极、主动的生活状态。

（9）做事有计划。成功的事业离不开周密的设计与不懈的奋斗。我们都鼓励孩子走向成功，却又太宽容孩子的心血来潮和胡思乱想，尽管这的确是儿童期的自然反应。假如，当孩子提出某项请求时，我们总是轻轻地问一句："你的计划呢？"当儿童逐步习惯了行动之前做计划，一个神奇的变化就开始了。如果，我们耐心地与孩子讨论他的计划，并使计划趋于可行，那么，孩子也就悄悄地成熟起来。做大事要从做小事开始。譬如，每天临睡之前，将第二天穿戴的衣服或使用的东西摆放整齐，就是儿童做事有计划的必要训练之一。

（10）干干净净迎接每一天。儿童容易受到暗示的影响，其形象与状态容易影响心态。因此，如何迎接新的一天，是儿童平凡生活中的大事，而从清洁做起，是培养孩子神圣感的良好措施。不一定穿名牌，更不必穿着奇装异服，只要求干干净净。譬如，剪去长指甲、经常换洗衣服、经常洗澡、不使自己发出异味、书本不能乱涂画，等等。儿童自己能做到这些，就足以表明他充满希望。

可以预言：如果小学生养成了上述10个良好习惯，他们将成为真正文明的一代，其道德风尚将重新塑造中华民族。也只有到了那个令人肃然起敬的时代，礼仪之邦的盛誉才会得以发扬光大。

在培养孩子良好习惯时，要注意以下几点：

（1）严格要求。培养孩子的良好习惯，有赖于家长的严格要求。要求一经提出，就必须坚决贯彻施行，不可以有例外。

（2）以身作则。在培养孩子某种好习惯的过程中，家长的表率作用很重要，所谓“谁家的孩子像谁”，说的就是这个道理。“己不正，不能正人”，这句话用在好习惯的养成上也很合适。

（3）反复练习，及时强化。习惯的形成非一朝一夕之功，非反复练习不可。当孩子按照要求去做时，家长应及时给予肯定。孩子有了兴趣和愉快的体验，良好习惯就容易形成。

（4）提供条件。形成习惯有一个过程，在这个过程中，如能提供相应的条件，有助于孩子较快地形成习惯。比如，要求孩子饭后漱口，每次饭后为他提供一杯水，在他养成饭后漱口的习惯之后，再让他自己倒水。这比一开始就要他自己倒水漱口更容易形成习惯。

第四篇

教育篇

几年前，当几十位诺贝尔奖得主聚会时，记者问其中一位科学家："请问您在哪所大学学到您认为最重要的东西。"这位科学家平静地说："在幼儿园。""在幼儿园学到了什么？""学到把自己的东西分一半给伙伴；不是自己的东西不要拿；东西要放整齐；做错事要道歉；仔细地观察事物。"这位科学家出人意料的回答，引起人们对儿童养成教育的深思。

成功的教育首先是习惯养成的教育。著名心理学家威廉·詹姆士说："播下一个行动，你将收获一种习惯；播下一种习惯，你将收获一种性格；播下一种性格，你将收获一种命运。"行为、习惯与性格之间存在着神秘的联系，并与命运息息相关。

让我们一起聆听大师的声音！这里有培根"论习惯与教育"，苏霍姆林斯基谈"道德习惯"，乌申斯基"论习惯的培养"，陆士桢谈家庭教育对于孩子习惯培养的重要性，等等。

◎〔英〕培　根	论习惯与教育
◎〔美〕奥里森·S.马登	使习惯服从你的意愿
◎〔苏〕苏霍姆林斯基	道德习惯
◎〔英〕夏洛特·梅森	不要盲目地相信培养习惯的科目
◎〔俄〕乌申斯基	论习惯的培养
◎〔美〕杜　威	习惯与思想
◎〔英〕赫伯特·斯宾塞	如何培养孩子终身受益的习惯
◎〔英〕亚苏·斯密	论习惯和风气对道德赞许情感的影响
◎徐志摩	再谈管孩子
◎陆士桢	培养孩子的好习惯，先从家庭教育入手
◎朱永新	鼓励和教育学生养成良好的劳动习惯

论 习惯与教育[1]

〔英〕培 根

人们的思想多是依从着他们的愿望的，他们的谈论和言语多是依从着他们的学问和从外面得来的见解的；但是他们的行为却是随着他们平日的习惯的。所以马基亚委利说得很好（虽然他所论的事是很丑的）[2]，天性的力量和言语的动人，若无习惯的增援，都是不可靠的。他所论的事情是，为了完成一件极险恶的阴谋，一个人不可信任所用的某人之天性的凶猛或约言的坚决，而应当任用以前曾经亲自下过手，手上染过他人的血的人。但是马基亚委利不知道有一个乞僧克莱门，也不知道有一个哈委亚克，也不知道有一个约尔基，也不知道有一个巴尔塔萨尔·杰拉尔[3]；然而他的定律依然是不移的，就是，天性与言语上的允诺要约都不如习惯有力。只有一件，就是现在迷信很盛，以致初次为迷信杀人的人简直是和业屠的人一样的不动心；盟誓的决意也被说成与习惯一样的强，甚至在流血的事件中亦是如此[4]。在迷信以外的事情中习惯之凌驾一切是处处可见的；其势力之强，使得人们于自白、抗辩、允诺、夸张之后，依然一仍旧贯地做下去，好像他们是无生命的偶像，和由习惯

---

① 选自《培根论说文集》，〔英〕培根著，水天同译，商务印书馆，1983年版。

② 马基亚委利曾论刺客之选择，认为唯有对行刺杀人之事具有经验者方可任用。

③ 乞僧克莱门（Friar Clement）于1589年刺杀法兰西王亨利第三。哈委亚克（Ravillac）于1610年刺杀法兰西王亨利第四。约尔基（Jaureguy）于1582年谋刺荷兰公爵“静默的”威廉未成。后两年，公爵被杰拉尔（Baltazer Gerard）刺杀。此数人皆非富有经验之刺客也。

④ 16～17世纪欧洲宗教之争甚烈，如上述诸人之行刺，主因多系迷信，迷信甚深，虽凭一朝之誓言，亦可杀人流血而无畏缩悔祸之心，故云。

的轮子来转动着的机械似的，这种情形真使人惊讶。

我们也可以见到习惯的统治或专制，可以看出它是怎么回事。印度人（我说的是他们的哲人中的一派）① 会自己静静地躺在一堆柴上，然后用火自焚以为牺牲。不但如此，那些做妻子的还要争着与丈夫的尸身一同烧死呢。在古时，斯巴达的青年们常乐于在狄亚那的祭坛上受笞刑，连一动也不动②。我还记得在女王伊利莎白初年的英国，有一个被判死刑的爱尔兰叛党曾上呈总督，请求缢死他的时候用薪条而不用绞索，因为以前的叛党都是照例用薪条的③。在俄罗斯有些僧人为赎罪起见，会在水盆里坐上一夜，直到他们被坚冰冻住了才算。习惯在人的精神和肉体两方面的力量，例子可以举出很多来。所以，既然习惯是人生的主宰，人们就应当努力求得好的习惯。习惯如果是在幼年就起始的，那就是最完美的习惯，这是一定的，这个我们叫做教育。教育其实是一种从早年就起始的习惯。所以我们常见，在言语上，幼年时代比幼年以后舌头较为柔活，能学一切的语法及声音，并且四肢关节也比较柔活，适于各种的竞技和运动。因为年长方学的人不能像从小就学起的人能屈伸如意，这是真的；除非在有些从未固定自己的心志，反而把心志开放着，并准备好了接受不断的改良的人们，那算是例外，但这种情形是非常之少的。但是假如个人的单独的习惯其力量是很大的，那么共有的联合的习惯，其力量就更大得多了④。因为在这种地方他人的例子可为我之教训，他人的陪伴可为我之援助，争胜之心使我受刺激，光荣使我得意，所以在这种地方习惯的力量可说是到了最高峰。天性中美德的繁殖是要仗着秩序井然，纪律良好的社会的⑤；这是无疑的。因为国家与好政府只是滋养已长成的美德，而不甚帮助美德的种子的。可悲者，最有效的工具，目前是正用以求达到最要不得的目的呢⑥。

---

① 指“赤脚仙派”（gymnosophists）。此派相传为亚历山大在印度寻见之一种学派。若辈皆裸体或半裸体而游行，不肉食，专事瞑想。

② 狄亚那（Diana）为希腊之狩猎女神。“一动也不动”原文作 Without so much as quenching，亦可译作“一声也不哼”。

③ 用薪条（即树枝之柔韧者）缢杀想必较用绞索为迟缓而多痛苦，故作者举此例。

④ 培根在拉丁文本《广学论》中论诗云，人类于群居之时较独处之时为易受感动云。

⑤ 或问希腊哲人毕达哥拉斯，彼如有子，将以何种教育认为最良之教育而授其子？毕答曰：“令其为政治良好之国家之公民”。

⑥ 仍指当时迷信盛行，多借宗教教育之力以求达残杀异己之目的也。

使习惯服从你的意愿[①]

〔美〕奥里森·S. 马登

消极的习惯，是你的死敌；你也许已经习惯于某些不良的思想和行事方式，非有极大的劲不能改变。你也许已经沉入忧虑的深坑，不能体谅别人，或落入了与快乐背道而驰的其他习惯之窝。

你要怎样才能打破这些不良习惯？

我不妨把我打破我自己一个不良习惯的情形告诉你。

不用说，医院手术室的旁边一定有一间医生更衣室。每逢为人开刀，我都必须到更衣室里把身上的便服换成手术衣。我站在一座衣橱的前面把身上的衣服剥个精光，只穿着鞋子和袜子站在那儿。接着，我把我所带的钞票捏成一个纸团，塞入我左脚所穿的袜子里面。我在做实习医师的时候就养成了这个习惯，因为那时穷得要命，即使是丢了一块钱，也不免失魂落魄；因为衣橱上面没有锁，把钱放在里面很不安全。

别的暂且不提，这种藏钱的办法变成了我的一个习惯。大概有 30 年的时光，我总是在为病人开刀之前把钱塞进左脚上的袜子里。起初，我在不知不觉中出此下策；由于我总喜欢在清晨为病人开刀，更衣室通常都无人照顾，又因为从来没有人对我说过，这是如何可笑的举动。一个已有 30 年历史的习惯，而这又是多么可笑的一个习惯。

直到数年以前，一位医生同事看到了我这种举动，瞪眼瞧着我，显得很是惊异。他竭力按捺着避免大笑出来，但他感到太有趣了，终于忍

① 选自《最大的财富》，〔美〕奥里森·S. 马登著，徐干译，九州出版社，2001 年 2 月。

不住地笑了出来。

于是，我脱去了我的袜子。经过一番内省之后，我觉得这是一种非常怪异的习惯，必须改变。

但到了下一次，再度地，我又卷起我的钞票塞入我的袜中了。一个习惯一经养成之后，就很难打破了。

当我把钞票放进我的外套之中时，这种做法仍然没用。我又不知不觉地将钱取出，塞入我左脚上的袜子里。

简直无计可施。我一天又一天地为人开刀；一天又一天地把我的钞票塞进我的袜子里。

最后，我终于想出了一个办法。我买了一面镜子，将它装在我的衣橱的门里。于是，我在这面镜子的前面脱衣，然后瞧着我自己把钱放进我左脚上的袜子里。我看到我自己行使这种奇事之后，不禁从心里叫出："我是多么滑稽可笑！"我想着想着，不禁笑了又笑。我一看到我自己就禁不住好笑。我在心里想："这是多么荒谬的一种习惯！无疑的，别的医生都笑在肚里，密而不宣。"

自从我看清了这个习惯之后，我终于把它革除掉了。那面镜子帮助我看清了它的荒谬可笑。

现在，且来看看你的习惯——那些更为可笑的习惯，它们也许会把你与你的快乐阻隔开来。

你要不要一面镜子帮助你去改变它们？

这倒不必。

但你必须要有一面心镜，才能像别人看你一样以客观的态度看你自己，才能看清往往在无意识中使你不能享受美好人生的那些习惯。

你有没有这样的习惯：只是瞧着人家说话，而不表示你自己的意见？

在习惯上，你是否会因为害怕晒伤或冻伤、淋雨或着凉而回避一次有趣的旅游？

或者，你是否会因为出手太快，不看清形势就下注，而成为一个习惯性的输家？

举起你的心镜，照照你的不良习惯。你也许不会把你的钞票塞入你的袜子之中，但你也许会做出一些别的妨碍你快乐的事情。

打破习惯虽然是一件难事，但并非不可办到，只要你能看清你的不良习惯；只要你有成功的决心；只要你肯努力去改，那你不但可以改变它们，而且可以由此获得快乐。

再来一个建议：不要为你的享乐定下条件。

不要说："等我赚到一万美元，我就好好开心地玩玩。"

不要说："等我上了那架飞往巴黎、罗马、维也纳的飞机，我就乐了。"

不要说："等我到了65岁退休下来，我就躺在甲板的躺椅上晒晒太阳……"

享乐不应该有"假如"等条件。

每天的一个基本目标是：你觉得你有权自娱，不论你是一位百万富翁还是一个穷鬼。

一个自我心像脆弱的百万富翁也许会念念不忘地说："如果有人把我的全部积蓄偷去，那就没人理我了。"

一个自我心像坚强的人可以对他自己说："如有债主逼我非和他捉迷藏不可，那我就以做体操为乐。"

不要哄骗你自己：只要你真心想去享受生活的乐趣，你就会发现生活的乐趣——只要你能与你的好运相处。

最后我不厌其烦重复一句：只要你能与你的好运相处。

因为我知道：不能与快乐相处的人实在太多了。这些人获得一次大大的成就之后，不但不能轻松愉快，相反地，却更加焦虑起来。在他们的心中，每个人和每件事，都在紧盯着他们——疾病啦、诉讼啦、意外啦、税务啦、乃至亲戚。这些人根本不肯放松心情——除非再度尝到了他们一直期待的滋味：失败。

你要追求快乐，不要追求痛苦；你要对快乐的美德表示敬意；你要觉得你是有权享受快乐的人。

你可以在下述的小小事情中找到乐趣：美味可口的食物、热情真挚的友谊、温暖宜人的阳光、鼓励的微笑。

通达世故人情的莎士比亚，在"奥塞罗"一剧中写道："欢愉和行动，使时光短暂。"

不论长或短，你要使你的时光充满愉快的微笑。

欢愉不是人的一部分，说这句话的人甚为可笑，因为他懵懂无知；但你要宽容他们，因为他们没有你明达。

因为你读到此地，已知事实并非如此。

你已知道：快乐是真实不虚的事儿。

你已知道：快乐是你给自己的一种赠礼——不止是圣诞节如此，一年 365 天，日日如此。

道德习惯[①]

〔苏〕苏霍姆林斯基

道德习惯的源泉，在于把高度的自觉性和个人对各种现象、对人们之间的相互关系以及他们的道德品质的感情评价统一起来。从一个少年的心灵深处所进行的理智和感情的过程来看，道德习惯的培养具有特别重要的意义。道德习惯是确立道德观念和道德信念的基础。道德习惯的形成，是教育者洞悉学生精神世界的一种途径，舍此就不可能对一个人有所了解，也不可能用细腻的手段——语言和美感——去影响他。

由于有了道德习惯，社会觉悟和社会道德准则才成为一个人的精神财富。没有道德习惯，就不可能作出自我肯定和进行自我教育，也不可能有自尊感。正是由于人们重视并习惯于这种高尚的道德真理，在他的意识中会闪电般地通过一些情感信号：应当这样做，因为不这样做，自尊心是不允许的。于是，道德真理就成为个人心目中神圣不可侵犯的、极为宝贵的东西。习惯使良心的这种内在的感召力变得高尚起来，而人的意识总是受感情保护的。这种复杂的过程只有在少年时期才能完成，因为一个人正好在这个时期能够领会具有概括性质的道德观念。少年期仿佛对各种思想都敞开了通向心灵的道路。如果作为道德素养的最重要的真理在少年时期没有成为习惯，那么，所造成的损失是永远无法弥补的。

① 选自《苏霍姆林斯基选集》(5卷本) 第3卷，〔苏〕苏霍姆林斯基著，蔡汀、王义高、祖晶主编，教育科学出版社，2001年8月第1版。

究竟应当怎样在少年时期培养起道德习惯呢？为了提高他们的自觉性，使之掌握对于个人来说是神圣的绝对真理这样一些最重要的道德财富，应当做些什么呢？

在少年时期，自觉性和道德感的统一，在道德发展中具有最重要的意义。道德感是照亮人们行为道路的明灯。苏联心理学家帕·雅科布松写道："如果没有那种促使人们去深入理解社会道德准则的道德感，那么，这些道德准则实质上对他来说就永远是格格不入的。"① 我努力使我的学生对周围所发生的一切事情表示关切和同情，对周围世界的各种现象从感情上表示出明确的爱憎，目的是使少年们对一切事物和现象都非常关心，要求他们不仅从思想上，而且从感情上来理解它们。

少年们和我一起去观察和了解周围世界，而我就好像在把自己对各种事物、现象和事件的看法告诉他们：没有一样东西会使我们无动于衷。我们沿着树林走去，等待着我们的将是有意义的一天——休息、散步、读书、观察、认识世界。在途中我们看到：有一辆载重汽车停在那儿，司机正在翻来覆去地检查发动机。他看到了我们，并且好像问我们能不能帮他一下忙。我们感觉到，这个人不会说一句请求帮助的话，然而他正等待着我们的帮助。在这种场合，就需要对少年们讲几句话，这些话应当促使他们深入思考现象的实质，用道德的真理去激励他们。我找到了这几句话，大概因为它们带有明显的感情色彩，这些话说到孩子们的心里去了。我们忘记了对林中美景的欣赏（当然没有完全忘记，我们还记得它，但是良心告诉我们：袖手旁观是可耻的）。我们派一部分人到村里的机器修理站去，其余的人就留下来帮助司机。

观察各种现象和人们相互关系中的道德表现，用心灵去认识世界——这是培养责任感的重要前提。公民的责任感是在基本的道德习惯中形成的。在少年时期，通过正确的教育，能在人的心灵中牢固地形成这种习惯，这就是帮助别人的习惯，——不管他是否提出要求，都要去帮助他。

要使少年对周围世界的各种现象，特别是人与人之间的相互关系经常感到激动不安，要促使他去体验各种感情——从亲切的同情和分担别

① Л. М. 雅科布松：《情感心理学》，俄罗斯联邦教育科学院出版社，1958 年版，第 210 页。

人的不幸，一直到对于恶行的愤懑不平，——这是非常重要的。我深信，如果一个少年养成了敏锐地关切周围世界的习惯，他就会用别人的眼光来看待自己，就会产生一种使他感到不安的想法：如果我对别人遭到的不幸或者对于恶行抱着无动于衷的态度，那么人们对我会有什么看法呢？人们会怎么想呢？……形象一点来说，这种令人不安的想法就像一根灵敏的导线，情感信号通过这根导线从心灵传入意识：假如我对周围发生的事情视而不见，那就是自己不尊重自己。只有这样，道德的概念才会成为习惯。当一个少年单独一个人面对各种情况的时候，他是怎样行动的——作为一个公民或集体对此所作出的道德评价，是使道德概念成为习惯的极其重要的前提。在一个集体里，人们精神上的交流具有丰富的内容，个人对于集体的责任感应当是很强的，务必使学生即使在单独一个人的时候，或者当生活需要他发挥个人的主动性，表现出果断、毅力、勇敢和诚实精神的时候，他也会感到集体的目光。

我们的任务是要使那些最基本的道德习惯成为一种传统，这首先是，如果为了别人的利益需要你贡献自己的力量，就要有牺牲自己利益的习惯。把习惯发展成为传统——这是对意识进行艰苦改造的一个组成部分。没有这种改造，就不可能建成共产主义。长期以来所形成的旧传统，用列宁的话来说，是一种最可怕的势力。[①] 在我们这个时代，正在进行着一项耐心细致的工作——建立起新的传统，这些传统无论现在还是将来都应当具有巨大的精神力量。形成传统的那些习惯，对人们的行动起着极大的支配作用，它们的教育力量就在于此。在少年时期，我的学生集体中形成了一种传统：集体对你个人的评价取决于你对待母亲、对待姑娘和对待妇女的态度。这一传统对开展自我教育是一种有力的推动——每个小伙子都希望以自己的举止行为培养起高尚的道德。

培养道德习惯的另一条重要规律，是要求少年对自己的行为，特别是那些能反映出一个人对劳动、对亲人、对集体里的成员的态度的行为，作出情感上的评价和产生亲身感受。我们总是力求让少年们把独立完成任务看做是一种乐趣来感受，而对抄袭和坐享别人劳动成果的行为表示出对自己的不满。要培养起这种感受，必须经过一定的训练：要启

① 列宁在《共产主义“左派”幼稚病》一文中写道：“千百万人的习惯势力是最可怕的势力。”

发少年作出自我评价。要培养和发展细腻的感情，必然极大地发挥个人的主动性：为了对自己的行为作出感情上的评价，他必须激发起自己的毅力。就少年们如何进行自我教育提些建议，帮助他们选择一些专门训练的内容——这些都是形成道德习惯过程中的附加因素。要让少年不仅对好的行为，而且也对那些不能容许的行为作出情感上的评价，这一点是很重要的。体会到哪些事情是“不容许”的，实际上就是确定个人在社会中的道德方向。“不容许”做的最主要的事情，就是对周围所发生的一切决不能采取漠不关心的态度，我们把每个少年对于这一点的感受看做是道德素养的基本特征。在实际的教育工作中，我特别注意让每个少年能体验到激动人心的快乐和充实的精神生活，让他积极参加看起来与他个人利益无关的活动。

培养道德习惯的第三条规律，是要使教师要求学生作出的行为和道德原则一致起来。热爱祖国、忠于人民的理想、原则性等都是神圣的共产主义道德真理。这些道理不需要时时处处反复强调，也不需要总是把它们和那些最起码的道德素养和做人之道联系起来。譬如说，一个少年在课桌上画了一个小鬼，或者把同学绊了一跤，使他摔破了鼻子——不需要就这样的事情大讲人们对于社会的义务和英雄人物的事迹，因为什么事情都要放在一定的位置上，都要有分寸。

根据这些规律，我们制定了道德习惯的纲要。纲要中列入了这样一些道德习惯：把已经开始做的事情做到底；做工作只能认认真真，不能马马虎虎；任何时候都不把自己的工作推给别人，也不坐享他人的劳动成果；帮助老、弱、孤、寡，不管这些人是自己的亲友还是“外人”；使自己的愿望和道德上可以允许的满足愿望的权利一致起来；绝对不能容许为了满足我的愿望而使父母在某些方面受到限制或增加许多困难；既要考虑自己的快乐、满足和欢愉，同时也必须顾及别人的需要；不能为了满足我自己的快乐而给别人带来忧虑和不幸；不隐瞒自己不体面的行为，要有勇气把这些行为直言不讳地告诉你认为需要告诉的人。

培养道德习惯，不需要采取专门的方法和手段。集体主义者之间的相互关系实质上就体现了培养道德习惯的要求。要使少年的良知和意志成为推动他做出良好行为的动力，这是道德教育这一细致工作中最重要的方面。不能把教育简单地归结为教师下命令和学生的盲目服从。少年应当时刻意识到：如果缺乏意志，就不可能有良好的品行。特别是当环境要求少年对自己的不良行为作出正确的评价时，这就显得更为重要。孩子们刚进学校，我就培养他们有这样的思想：坦白承认自己不体面的行为，这是高尚的道德。不容许以惩罚相威胁，“硬逼”孩子承认错误。在培养道德习惯的过程中，不容许采用惩罚的手段。一般说来，采用这种手段时需要有最大的耐心并十分注意分寸。对于一个有丰富经验的教育工作者来说，这种手段是随时准备着的，但他却从来不使用它。哪里广泛采用惩罚手段或规定了一套相应的惩罚办法来对付可能产生的不良行为，哪里就谈不上道德习惯的培养。马克思曾经说过：“从该隐以来，利用刑罚来感化或恫吓世界就从来没有成功过。适得其反！”未经周密思考、单凭一时冲动而采用的惩罚手段，会给儿童和少年带来最大的危害，因为受到惩罚的人感到不需要再振作起来，使自己变好。弗·陀斯妥耶夫斯基的话很有道理：惩罚使人摆脱了良心的谴责。采用惩罚手段是很简单的，而教育一个人为自己的过失感到难受，从而受到良心的谴责，那要困难得多。在童年期，特别是在少年期，一个人如能进行自我谴责、洗刷自己的良心，那就有了一股很大的力量。我总是努力使少年在意识到自己的不良行为之后，能产生这样的想法：我应当成为一个和我现在不一样的人。为自己的过失感到难受，这是对别人的不良行为不能容忍和毫不妥协的源泉。

不要盲目地相信培养习惯的科目[①]

〔英〕夏洛特·梅森

（1）习惯是训练而成，而非天生的

我们的话题的第二部分是学习习惯的养成，但是我们不想占用很长的篇幅来叙述。我们知道，孩子养成五六种这样的习惯之后就有了自己的能力。这些习惯使人能够用他的智慧很容易地完成他想做的事情。如果一个人没有养成这样的习惯，他就要多花很多倍的体力才能做完同样一件事情。我们还知道，我们提到的习惯是通过训练获得的，而不是天生的。天才就是一个具有吃大苦、耐大劳能力的人。由于每个孩子生来都具有吃苦耐劳的能力，所以更准确地说，他具有吃苦的习惯。

（2）不要盲目地相信培养习惯的科目

我们对某些训练项目的信任或许有些盲目，比如相信某个训练项目能培养某个智力习惯。我们认为，古典文学培养的是一个方面，数学培养的是另一个方面，而自然科学培养的又是一个方面。因此，他们就只做与这些训练项目相关的事情，结果却不一定能训练成我们期望的习惯。如果让数学家脱离他的本行，他并不一定比别人做事更严密，更实事求是。实际上，他只是被允许在特定的条件下那么工作——给大猫做个大窝，给小猫做个小窝。人文科学不一定总能使人仁慈，也就是说，不一定能使人在他人眼中显得慷慨、宽容、有风度和公正。问题不在于这样或那样的训练科目本身，而在于我们运用这些科目的懒惰习

① 选自《教育是一种训练》，〔英〕夏洛特·梅森著，中国发展出版社，2003年12月第1版。

惯——我们在运用这些训练项目时，把它们当成一种用来耕地和播种的机械发明。家长并得不到解脱，因为给孩子养成这样的智力习惯主要靠他们，他们的责任大于老师和课程。但是一旦孩子养成好的智力习惯，他们就将在学术上显赫一生。

（3）某些学术习惯不易养成

在这里我没有必要提及习惯养成的问题，但是也许多数人容易养成行为习惯和道德习惯，而不容易养成学术习惯。这里我想仅举几个在孩提时期就应该进行认真培养的例子。

“注意力”能使人把所有精力都投入到要做的事情上；“专心”有别于注意力，它指的是思维积极参与解决某些问题，而不是消极地观察；“一丝不苟”是指不满足于对知识粗枝大叶的了解或掌握，达不到完美心不安的一种习惯。百科全书里对这个习惯大加赞赏，因为在它发挥作用的时候，就能扫除任何疑点；“学术意志力”是迫使我们在规定的时间内考虑规定内容的能力。

多数人都知道，在这种事情上我们的大脑要受多大的煎熬。但是如果我们从孩提时期就养成从苦中寻乐的习惯，长大后就会很容易地使自己去想应该想的事情。“精益求精”的习惯需要从数学学习、语言表达、信息理解和日常生活中的琐碎事务处理中获得；“反思”是一种思考能力，它在孩提时期就已经牢固地形成。但是在成年后，当他们带着宝贵的知识财富走向社会的时候，却在某种程度上丧失了这种能力。让知识意念在我们的脑海中一闪而过，而留不住它，也消化不了它，的确是很可悲的事情。

（4）学会沉思

一位叫罗曼斯的先生就自己的学术生活习惯去请教达尔文，达尔文建议他要学会“沉思”。据说这位年轻的科学家从这个建议中受益无穷。沉思也是一个可以养成并能保持下去的习惯，因为我们相信，孩子生来就会沉思，就像他们会反思一样。实际上，这两者紧密相关。在反思的时候我们对自己所获得的知识进行再加工；在沉思的时候，我们不满足于仅仅思考过去的事情，而是把事物的方方面面都逐一考虑到。人们很早就知道，基督教徒的生活在很大程度上依赖于沉思。学术进步也是如此，不是单纯地依靠阅读或者不辞辛劳地研究一个课题，而是依靠调动

所有思维能力来到对现有课题进行攻关，这就是“沉思”一词的含义。我们中的任何人都会容易地养成几个重要的学术习惯，只要这些习惯能给我们带来好处，并且对我们有激励的作用。

（5）提供生动的精神食粮

学术生活和各种精神生活习惯一样，都需要有维持其生命和成长的食粮，即提供生动的精神食粮。坚持这么做很难，因为在培养孩子的过程中，我们在这个方面犯的错误远远多于在其他方面所犯的错误。我们给孩子提供的精神食粮是一种精神灰烬，其中最后的一个独创精神的火花早已熄灭。我们给他们二流的故事书，里面充满了陈腐的词语、过时的情节、支离破碎的思想和陈旧得无法再陈旧的观点。孩子们抱怨说他们不用看就知道故事的结尾是什么。

不仅如此，他们甚至还能猜出每一页的乏味内容是什么。有一天，我看见孩子们的声明，说他们不喜欢诗歌，而激动人心的故事情节更适合他们的口味。他们当然喜欢故事，但是只喜欢其他内容的诗歌。雪莱的《云雀颂》能比任何动人的故事情节更使孩子欣喜若狂。至于孩子的艺术，我们可以在幼儿园的墙上挂上“圣诞节专刊”图片，下面挂一排对书本内容的图解。就课本图解来说，虽然有了一定的进步，但是仍有待于进一步的改进。

（6）儿童文学

“儿童文学”这个题目已经过反复推敲，但有一个问题需要说明。孩子并不是天生就喜欢拙劣的作品，专门的儿童文学或许远不像图书经销商向我们建议的那么重要。在列有一百种畅销书的目录中，我认为有75种完全可以适合7～8岁儿童阅读。他们将会从《拉塞勒斯》中获得乐趣。《鲁宾孙·库鲁索》、《仙女王后》令他们入迷。书中寓言和骑士般的冒险，以及在森林中自由行走的感觉，正合孩子的口味。孩子们想要的是去接近最好、最生动的思想，并用它来充实他们的智力生活，而不需要我们过多地干扰。

（7）孩子的自学

我们并没有充分认识到孩子自学的重要性。我们应该鼓励他们，指导他们，而不是管制他们。

我认识一个9岁的小女孩。她每天都期盼着得到泰尼生的诗歌，因

为她特别喜欢他的诗歌，但是在大的诗歌集里却找不到。实际上，她就像孩子想得到食物一样想得到她喜欢的诗歌。大脑对思想的需求就像身体对食物的需求一样，是一种实实在在的需求，而且有时还胜过对食物的需求。马丁诺小姐写了一个迷人的故事，故事中描写了一名10岁小男孩在思想上的觉悟。“在复活节的第一天，他俯卧在床上，面前摆放着骚塞的《萨勒巴》。他丝毫没有意识到自己的姿势的不方便，并快速地一页一页地翻着书看，好像在寻找什么，直到几个小时以后看完为止。然后他把书还回图书馆，又借回一本《开哈玛的祸因》。就这样，他在假期里除了往图书馆跑以外，几乎一动没动地看完了骚塞和其他几位诗人的所有诗歌。看完这些书以后，他发生了很大的变化，以至于使全家人都不由地感到惊奇。他眼神里流露出来的感情、他的面部表情、他说话的措辞和他走路的姿态都发生了变化。在10天时间里，他在思想上进步了好几年。所以我一直认为，这是他生活中的转折点。他的父母认识到学校在那时不会给孩子任何这样的机会，所以非常明智地让他自己独处。”

由于孩子一直在造物主的影子下培养长大，所以一直没有改变信仰。父母一直在满足孩子对思想的渴求，但是不应该只满足于等着孩子觉悟，而应走在孩子觉悟的前面。一个按照克制原则培养起来的女孩说：“我很伤心我爸爸不是酒鬼。”如果他爸爸变成酒鬼，她可能会欢呼雀跃。这个例子向我们清楚地解释了我们正在讨论的话题。

论习惯的培养①

〔俄〕乌申斯基

我们之所以对习惯进行这么多的探讨，是因为我们认为我们天性中的这一现象对于教育者来说是个极其重要的现象。教育如能充分地认清习惯和熟巧的重要性，并且把自己的大厦建筑在习惯和熟巧之上，那么它就能把这座大厦建筑得很牢固。只有习惯才能为教育者创造条件，把他自己的这样或那样的原则灌输到学生的性格、他的神经系统以及他的天性中去。有句老话说，习惯就是第二天性，这句话并非没有道理；但我们还要补充一句，那就是这里所指的天性应当是服从于教育艺术的天性。如果教育者善于控制习惯，那么习惯就能为他在自己的工作中不断取得进展创造条件，使他不至于一再地重新开始建筑自己的大厦，而是把学生的意识和意志集中在获得新的、对他有益的原则上面，因为原来的一些原则已经不再使他感到困难，已经变成了他的天性——他的无意识的和半无意识的习惯。总之，习惯是教育力量的基础，是教育活动的杠杆。

不仅在性格的培养方面，而且在智能教育以及用必要的知识充实人的头脑方面，习惯的神经力量（只是以另一种形式——以熟巧的形式出现）都具有头等重要的意义。任何一个曾经教过儿童阅读、书写和科学原理的人，毫无疑问都已发现，在进行这样的教学时，学生从练习中所

① 选自《乌申斯基教育文选》，〔俄〕乌申斯基著，郑文樾选编，张佩珍、冯天向、郑文樾译，人民教育出版社，2007年8月第2版。

获得并且以反射的、无意识的或者半无意识的动作的形式在他的神经系统中逐渐扎下根来的熟巧，起着何等重要的作用。在进行阅读和书写的教学时，熟巧的重要意义自然是显而易见的。在这种情况下，你就会不断地发现，从孩子理解什么东西该怎么做（该怎么发音或该怎么写）起，到他能轻松而又地道地完成这件事情，需要很长的时间；同时你还会发现，如果在同一件事情上不断地进行练习，那么这件事情就会逐渐失去自觉和自由的性质，而开始具有半无意识或者完全无意识的反射的性质，从而使孩子的意识力量能用到其他的、更为重要的精神过程中去。当孩子还需要辨认用这个或那个字母表示出来的每一个音怎么发，并且思考如何把这些音连起来发的时候，他就不可能同时把自己的注意力集中到所阅读的材料的内容上去。同样，当孩子开始学习书写，思考如何仔细地描绘出每一个字母，把自己的意志耗费在教师所要求的手的不习惯的动作上的时候，他也不可能把自己的注意力和意志集中到所抄写的材料的内容上去，集中到意思的联系和书写规则上去，等等。只有在阅读和书写对于孩子来说已经成了机械式的习惯动作，成了无意识的反射之后——只有在那个时候，孩子逐渐摆脱出来的意识和意志的力量，才能用到获得新的、更高级的知识和熟巧上去。正因如此，最新的教育学虽然反对过去那种仅仅旨在培养儿童无意识的熟巧而丝毫不触及其智力的经院式的教授阅读和书写的方法，但它在某种程度上所陷入的那个极端也是错误的。在阅读和书写的教学过程中，当然必须发展智力活动；但同时也无论如何不能忘记，初期教学的目的仍然是把阅读和书写的活动转变为无意识的熟巧，以便使儿童在掌握了这种熟巧之后，能把自己有意识的心灵力量从中摆脱出来；用到其他的、更为高级的活动上去。在这方面，就像在教育学的其他各个方面一样，真理在于不偏不倚之中：阅读和书写的教学不应当仅仅是机械式的，但与此同时，机械式的阅读和书写也无论如何不应当被忽视。要让合理的阅读和书写教学能尽量使孩子得到发展，但同时还要让阅读和书写的过程本身能通过练习逐渐转变为无意识的、不随意的熟巧，从而使孩子的意识和意志从中摆脱出来，用到其他的、更为高级的活动中去。

甚至是在掌握最自觉的一门学科——数学的过程中，熟巧也起着极大的作用。当然，数学教师首先应当关心的是，任何一种数学运算方法都要让学生充分地理解，随后他应当关心的，则是要通过这种运算的频繁练习使它变成学生的半自觉的熟巧，从而使他在解高等代数的习题时，不至于把自己的意识和意志耗费到回忆初等算术的运算方法上去。如果学生在解方程式时还要去思考乘法表，那是很愚蠢的，尽管乘法表当然也不应该机械式地去学习。这就是为什么在清楚地理解了某种数学运算方式之后，接着就必须对这一运算方法进行大量练习，其目的在于把这种运算变成半自觉的熟巧，并尽可能地使学生的意识摆脱出来，去进行新的、更为复杂的数学复合运算。

从对习惯的有机特性的清楚理解中，可以引申出许许多多教育规则，单用这些规则就足以编成一部相当厚的书。如果对习惯的理解是正确的，并且对这一情况（这样的情况是很多的）考虑得很成熟，那么这些规则就自然而然地很容易引申出来，所以我们在这里只是简单地说一说，习惯可以通过哪些方式扎下根子，又可以通过哪些方式加以根除。

从以上所说可见，通过某一种活动的重复——一直重复到在这一活动中开始反映出神经系统的反射能力，重复到在神经系统中形成对这一活动的趋向——习惯才得以扎下根来。因此，反复多次地进行某一种活动，是形成习惯的必要条件。这种重复的次数，特别是在开始阶段，应当尽可能频繁；但同时还应当注意到神经系统既会疲劳、也能恢复自己的力量这一特点。如果活动重复得过于频繁，以致神经的力量来不及恢复如初，那么这只能使神经系统受到刺激，而不能形成习惯。活动的周期性是形成习惯的极其重要的条件之一，因为这种周期性在神经系统的全部活动中都很明显地表现出来。合理地分配学生的作业和一天的时间，在这方面具有非常重要的意义。我们自己也可以在自己身上发现，一天中的某一个时刻会如何引起我们正是在这个时刻所形成的无意识的习惯。

如果我们常常学习某一门课程，而且学习的时间很长，我们似乎就会不耐烦再学下去了，似乎会停顿下来，不再有所进展；但把它丢下一段时间后再拿起来学一学，我们就会发现自己已经取得了相当大的进步——我们发觉原来仿佛尚未牢固掌握的东西已经变得牢固地掌握了，原来好像很模糊的东西已经变得很清楚，原来觉得很困难的东西已经变得很容易。由于神经系统具有这样的特性，在教学活动中就必须安排一定的休息时间，必须要有假期。但新的学习时期必须以复习学过的东西为开端，因为只有经过这样的复习，学生才能充分地掌握以前学过的东西，并感到在自己身上产生了能够继续学习下去的新的力量。

从习惯的特性中可以自然而然地得出这样的结论：为了使习惯牢固地建立起来，就需要时间，就像播种在田里的种子的生长需要时间一样，因而如果教育者急于牢固地建立起习惯和熟巧，他就可能反而使它们完全建立不起来。

在牢固地建立任何一种习惯的过程中，需要消耗力量，因而如果我们在同一时间里想使许多习惯和熟巧都牢固地建立起来，那么我们就可能自己妨碍自己；譬如说，在外语学习中，熟巧起着极其重要的作用，但是如果我们同时教学生几门外语，那么我们自己就对学生的成功起了阻碍作用。当然，进行语言的比较研究，能对智力的发展带来极大的益处，但如果我们所要的不仅仅是智力的发展，而是对语言的真正的掌握和实际熟巧的培养，那么我们就应当在学了一门外语之后再学另一门，而且先拿第一门外语与我们的本族语作比较，然后才能将第二门外语与我们预先已经获得了较高熟巧的那门外语作比较。在我们的中学里，外语学习成绩不佳的最主要的原因之一，正是在于我们让学生同时学习几门外语，甚至在这之前连本族语也没有像像样样地学好；对各门外语所安排的上课时数都相等，因而学习每门外语的学时就不多，上了一次课后，要隔三四天再上一次。假如我们能把我们的中学里安排学习各门外语的学时数分配得更合理一些，先学完第一门外语，然后再学第二门，而且每天都要学习，以防忘记——总之，假如我们在分配外语学习的时数时，能考虑到熟巧形成过程中的器官和神经的特性，那么在我们所拥有的同样的设备条件下，我们的学生取得的成绩就会大得多。但是目前我们却用一种熟巧去破坏另一种熟巧，并且同时去追逐所有的兔子。

不用说，我们在学生身上牢固地培养起来的习惯和熟巧，不仅应当对学生有益，而且还应当是他们所必需，以便使他们在具有某种习惯或熟巧之后，能够利用它们，而不是被迫把它们作为不需要的东西而丢掉。譬如说，如果高年级教师对低年级教师在学生身上牢固地培养起来的习惯或熟巧毫不注意，而且更糟糕的是用一些新的、与之相对立的习惯和熟巧去根除它们，那么采取这样的做法就不可能培养起坚强的性

格，而只能使它们受到损害。正因如此，在有些学校里，在教高年级时不注意学生在低年级时做了些什么，而且大量的教导员和教师之间没有以任何共同的教育倾向和教育传统密切地联系起来——这样的学校不可能具有任何教育力量；正因如此，那种根本没有明显的特点和深刻的传统的教育，不可能培养出坚强的性格，而且那些性格软弱而不稳定、思想和行为又变化无常的教育者，永远也不能培养出性格坚强的学生；此外，也正因如此，在没有特别迫切的需要去采取新的教育措施的情况下，有时候继续采取原来的教育措施，倒比另搞一套要好。

如果我们希望在学生身上牢固地培养起某种习惯或某些新的熟巧，那么我们也就是希望使他能形成某种行为方式。我们应当对这种行为方式经过周密的思考，并把它用简单明了而又尽可能扼要的规则表达出来，然后要求学生坚定不移地去执行这些规则。但在同一段时间内，制定的规则应当尽可能少一些，以便学生容易执行，而且教育者也容易监督其执行情况。不应该制定那种无法对其执行情况实行监督的规则，因为有时违反一项规则会导致违反其他各项规则。我们的天性不仅能获得习惯，而且能产生获得习惯的倾向，因而要是一种习惯能牢固地建立起来，它就能为建立其他同类的习惯创造条件。起先应当让孩子习惯于服从2~3项容易达到的要求，别因要求太多和难度太大而限制他的独立性；这样，你才会有把握地相信，孩子会更容易服从你的新的决定。如果一下子用大量的规则去要求孩子，那你就是迫使他去违反它们中间的这一个或那一个规则，因而你想使他养成的习惯也就不可能在他身上扎下根来，于是你就会失去这一伟大的教育力量的帮助——如果真是这样，那便是你自己的过错了。

在形成牢固的习惯的过程中，无论什么事物都不可能像榜样一样起到如此巨大的作用，因而如果儿童周围的生活本身是杂乱无章的，那就不可能让他们形成某些稳固而有益的习惯。在学校中，初次确定某些规则是不容易的；但它们在学校中一经牢固地建立起来，那么新入学的儿童看到大家都能坚定不移地遵守某种规则，他也就不会去反对它，相反地却会很快养成对他有益的习惯。从这里可以看出，经常更换教育者会对教育产生多么有害的影响，特别是在不可能指望他们在自己的工作中将遵循同样一些规则的情况下更是如此。

只有像在英国那样，教育者被迫地服从与教育方面的社会舆论以及他自己在受教育时所接受的传统（对于每一个英国学校来说或者至少是对于这些学校中的整整一个年级来说是共同的传统）十分对立的东西的情况下，才可能指望所有的教育者都遵循同样的一些规则。不仅在英国的学校里，而且在国外的任何一所学校里，通过仔细地观察，都可以找到一些从学校还是信奉天主教的西方世界所共同的宗教机构的时代、从宗教改革时代、从出现第一批学校事业改革者的时代沿袭下来的规则和方法。总之，在西方，学校完全是公共的，它是历史的产物。这种历史性赋予学校以教育力量，不管教育者更换与否。另外，如果教育者们本身是从同一所师范学校里培养出来并且将继续不断地从那里培养出来，那么也可能指望他们在教育方向上的一致性。德国的所谓中等师范学校就具有这样的作用。但如果教育者缺乏这样或那样的素养——既缺乏历史方面的训练，又缺乏专业方面的训练；如果教育者们有更换，而且还经常相互更换，以致每一个教育者都在同一个学校里采用自己的新方法，那么在这样的学校里，甚至在某个国家的所有学校里，根本不可能形成教育力量；它们尚可能进行某些教学活动，但无论如何不可能进行什么教育活动——这就没有什么不可理解的了。

教育者不仅常常有必要使一些习惯牢固地扎下根来，而且也常常有必要去根除一些已经形成的习惯。后者比前者更困难，因此它需要更加周密的思考，也需要更大的耐心。根据习惯本身的特性来看，它的根除或者是由于缺乏养料，即不再进行这一习惯所引起的那些活动；或者是由于形成了另一种与之相对立的习惯。考虑到儿童生来就有不断活动的需要，在根除一些习惯时就应当同时采用上述两种手段，也就是说，应当尽可能排除由不良习惯而引起的活动的任何缘由，并同时把儿童的活动引向另一个方面。如果我们在根除孩子的某一种习惯的同时，不为他提供新的活动，那么他就将自然而然地按照旧的习惯活动。

在儿童的正当活动一直占支配地位的学校里，很多不良习惯会自行减弱和消失；而在那些只是表面上秩序井然的有着兵营式制度的学校里，不良习惯会在这种秩序的掩盖之下迅速地发展和增多，因为这种秩序既不能吸引，也不能激起儿童的内心生活。

在根除某种习惯时，应当搞清楚，这种习惯是如何产生的，然后采取行动去排除它产生的原因，而不是去排除它产生的后果。譬如说，在孩子身上滋长说谎的习惯是由于对他过分的溺爱，由于对他身上已经养成的自尊心、自我夸耀和自我欣赏的愿望和言行给以不应有的赏识——在这种情况下，就应把事情安排得能使孩子不想自吹自擂，或者使人们对他的谎言不相信并且感到可笑，而不是感到惊讶，等等。如果说孩子养成说谎的习惯是由于对他的态度过分严厉，那就应当以温和的态度去对付这一习惯，对他的一些过失尽可能减轻惩罚，而仅仅对说谎加重惩罚。

有的教育者不了解习惯所固有的特性——它是一点一点地发展起来，也是一点一点地消失的；因而他们往往会采取急于求成地去根除某种习惯的做法，这种做法可能引起学生对那样强制他违反自己天性的教育者的憎恨，使学生成为城府很深、诡计多端、不说真话的人，并且使习惯本身变成一种癖好。正因为这样，教育者常常装着好像没有发现什么坏习惯，指望新的生活和新的行为方式能逐渐感化儿童。在孩子具有很多根深蒂固的坏习惯的情况下，可以完全更换孩子的生活环境——让他到另一个地方去居住，并置身于另一些人中间，这种做法往往会收到很好的效果。

很多习惯是带有传染性的，因而有些寄宿学校在还不了解新学生的习惯时，就把他与老同学安置在一起，这种做法显然很不好。

但假如我们想要把从习惯本身的特性中自然而然地产生出来的所有教育规则全部列举出来，那是没完没了的事，因而我们把这件事交给教师本人去做。下面我们再来说一下另一个重要问题。

任何一个牢固地培养起来的习惯，都应该是有益的、合理的、必要的；而任何一个被根除的习惯，都应该是有害的——这是不言而喻的。但这里就产生了这样一个问题：是需要向学生本人解释应当树立起来的习惯的益处或者应当根除的习惯的害处呢，还是只需要求学生履行那些用来树立或根除某种习惯的规则？这个问题应根据学生的年龄和发展的情况而以不同的方式来解决。当然，最好能让学生认识到规则的合理性，然后以自己个人的意识和意志来帮助教育者；然而有很多习惯却应当在孩子处于还不可能向他们解释清楚某种习惯的益处或害处的年龄阶段就树立起来或根除掉的。在这样的年龄阶段，孩子应当绝对地服从教育者，并在这种服从的基础上履行某种规则，从而获得或根除某种习惯。用什么以及以什么方式来达到这样的服从并使其起到应有的作用——这个问题我们将在关于意志的章节中加以阐明，在这里，我们只准备顺便谈谈奖励和惩罚在形成或根除某些习惯的过程中所起的作用。

毫无疑问，孩子由于害怕受到惩罚或由于希望受到奖励而产生的任何行为，就已经是不正常的、有害的行为了。当然，可以这样来教育孩子：使他从自己生命的最初阶段就习惯于无条件地服从教育者，不需要对他进行惩罚和奖励。当然，以后也可以设法使孩子依恋我们，使他能仅仅由于爱而服从我们。但是，尽管我们意识到惩罚和奖励的性质是有害的，假如我们在当前的教育状况下认为可以完全不采取惩罚和奖励的手段，那我们就成了空想家了。医生不是常常不得不给病人一些有毒性的、对身体有害的药品以治疗那些可能对身体危害极大的疾病吗？只有在医生掌握着使用无毒药物即可达到治病的目的，但他不去用它、反而去用毒性药物去治病的情况下，我们才会去指责这个医生。比方说，孩子沾上贪懒的习惯[①]，而教育者不惩罚他的懒惰和不奖励他的劳动就不可能克服贪懒的习惯；在这种情况下，如果他不采取这种手段，那就不对了，因为这种手段的不良影响是会逐渐地消失的，但已经形成的贪懒习惯如果不加以制止却会发展起来并且造成极为严重的后果。又比方说，孩子由于害怕惩罚或者由于希望得到奖励而从事劳动（这当然不好），但同时却养成了劳动习惯，从而使劳动成了他的本性的需要——在这种情况下，劳动将使他的意识和意志都得到发展，于是奖励和惩罚也就成为不需要的了，而它们的不良后果也将在自觉的劳动生活的影响下消失。

这样，我们就看到，教育者在牢固地培养学生某些习惯的同时，使学生的性格朝着某种方向发展，有时甚至是不以学生的意志和意识为转移的。但有人会问，教育者有什么权利这样做？俄国的教育学也已经及时地向自己提出了这个古怪的问题[②]。

① 正如我们在另一个地方已经说过的那样，在管理得很好的学校里，是不可能沾上这个习惯的。见《祖国的语言》（教师用书）。

② 托尔斯泰伯爵在《亚斯纳亚波利亚纳》提出了这一问题，但仍然没有得到解决。

现在我们不准备来回答这个问题，因为在以后我们全面地谈论教育的权利时还要谈到它；在这里，我们仅仅就习惯这个角度来回答这一问题，而且几乎全部用苏格兰的一位最有经验的教育家的话来回答。

“习惯是一种力量——杰姆斯·居利说道——对于这种力量，我们是不能要求它存在或者不要求它存在。我们可以正当地利用或不正当地滥用这种力量，但不可能防止它的影响，不可能阻碍孩子身上一些习惯的形成：孩子可以听到我们在说些什么，可以看到我们在做些什么，因而他们不可避免地会模仿我们。成年人对孩子的本性不可能没有影响，因而最好对它具有自觉的、合理的影响，而不要让一切事情的发生都出自偶然”①。

如果我们现在来注意一下我们俄国的教育，并且以我们在谈论习惯及其作用时力求建立起来的那种观点来看一看这种教育，那么在这方面我们可以发现的几乎全是缺点，特别是在我们的非宗教学校里（无论是走读的，还是寄宿的），更是如此。而我们的教会学校则有其独立的历史：这些学校是由于社会的需要而自然而然地发展起来的，它们靠以这些学校的精神教育出来的毕业生更新学校的人员，因而就具有自己独立的历史，具有自己的教育传统——总之，具有自己的教育特点和教育力量；这种特点和力量继续不断地既以自己良好的方面，又以自己不良的方面在学生的性格中明显地表现出来，并且代代相传。但这种力量能引向良好的方面还是不良的方面，这就是另一个问题了，这个问题我们不打算在这里解决，但不管怎样，它毕竟是一种力量。

而我们的非宗教学校完全不是从社会的需要中产生的，而且也不像西方那样受到教会的保护；它们主要是一种行政机构，这样的机构并不是从民族的历史中有机地发展起来的，它们具有自己独立的年鉴（并非历史）；它们在发展上缺乏连续性，经常不断地发生变动，而且这些变动都是相互矛盾的。在我们的非宗教学校中，甚至在整个国民教育事业中，我们所取得的进展极其微小，我们经常改变教育基础和对教育的实际要求，经常重新奠定教育这座大厦的地基，认为原先所做的一切不仅

① 见居利的《公共学校教育原理》第17页。换言之，成年人不可能不对孩子进行教育，因而最好能自觉地、合理地对他们进行教育，而不是听其自然。

是有缺点的，而且甚至是完全不对的和有害的，因而即使是在彼得大帝去世150年之后的今天，在非宗教的教育事业中，在整个国民教育事业中，我们几乎仍然停留在最初阶段；直到现在我们还在向自己提出这样的问题：它究竟是否需要？

在非宗教的学校里如此缺乏历史传统、如此频繁地改变教育原则和教育的基本意图的情况下，就别想在这些学校里、在学校的教育者和学生身上去寻找某种明显的共同特征了。

在大学里取消了哲学方面的学科，几乎哪儿也不开设心理学课程，只有在某些地方马马虎虎、装装门面地讲授教育学；虽然拥有一些师范学院，但是在感到师资力量严重不足的那段时期，曾经被迫关闭过这些学院——在这样的条件下，我们无论是在科学领域，还是在生活领域，都没有制定出任何应当在目前成为社会舆论的财富的教育规则，而且至今还未能清楚地认识到，我们想要把俄国学校的学生培养成什么样的人。

不仅如此，我们甚至还没有努力做到使10岁的孩子在学校里只拥有1位教育者，而不是拥有10位教师；我们甚至也没有努力做到使12岁的孩子能运用他在10岁时所获得的知识，并能补充和发展过去学到的东西，而不是把它们丢掉或忘掉。我们甚至没有试图使自己的学校与社会生活联系起来，没有把民族性格中值得移植和发展的东西移植到学校中去，并使其在那儿得到发展，然后再相反地通过学校去影响民族的性格。

在我们的学校中，存在着一个非常普遍的现象：在同一个班级里，某一门学科的教师往某一个方面拉，另一门学科的教师往另一个方面拉，而第三门学科的教师却往第三个方面拉，因而即使他们大家都认为还有必要考虑基本的教育原则，也不可能看法一致；而校长注意的只是表面的秩序，在这种表面秩序掩盖下的却是形形色色杂乱无章的教育方式。由于公共教育处于这样的现状，我们的学校虽然还勉强能对学生进行一些教学，促进其智力发展，但对年轻一代性格和信念的形成却没有丝毫影响，而是让这件事情完全听任偶然，甚至不向学生们传授在他们的生活中可能用得上的熟巧和能力。这样的学校尚能培养出一些表面上成熟的、具有某些知识的人，但却不可能培养出严以律己的、具有基本

信念并开始形成性格的能干的人才。在这样的情况下，就连我们的一些杂志也比我们的学校对年轻一代的教育影响要大得多——这就不足为奇了。

在这里谈论如何摆脱这种可悲的状况，是不合适的；但如果某些人想要以表面上借用外国学校的这种或那种规章制度的简便方式来摆脱这种可悲的状况，那么这只能表明，在我国，甚至那些自以为是这方面行家的人，至今对教育及其心理和历史基础考虑得还是非常不够。假如以在学校中普遍开设任何一种古典语言的课程这样的简便方式就能使我们的学校具有目前它们还缺乏的那种持久的历史和教育特性，那就太好了。但可惜的是，这是完全做不到的，因为任何一门学科的教学都不可能改变这种不幸的状况。我们的一些古典语言的爱好者的论据仅仅在于，外国学校的教育比我们搞得好，而且在大多数外国学校里教授古典语言；但是，外国学校在教育上的长处是否由于开设了古典语言课而产生的呢？——这个问题他们都没有搞清楚。

我们完全理解外国的那些坚持主张在自己的学校里教授古典语言的教师，甚至还对他们的做法有些赞同。教育领域中这一守旧的因素，在西方被认为是合理的，它能在我们前面已经提到过的那个以心理学为基础的规则中为自己找到辩护的理由，那就是：在教育工作中，任何一项老的、已经根深蒂固的措施与新的措施相比，总是占据明显的优势地位，这是由于它是老的，是已经根深蒂固的，因而也就具有一定的教育力量，而新的措施要获得这种力量，却还需要很长的时间；因此，在教育事业中，守旧思想（当然，这里指的并非愚蠢的和毫无意义的守旧思想）比在其他任何事业中都显得更正常一些。然而难道我们会大力把古典的因素纳入我们的学校，从而使自己成为守旧分子吗？很显然，在西方，不仅全部生活都是在古典的基础上发展起来的，而且即使是现在，知识分子阶层中的整个成年的一代也传统地从自己的祖先那儿受到了古典的教育；因而那里的所有守旧的教师都由于理解到传统对于教育工作的全部重要意义而在自己的学校里坚持主张教授古典语言，这是很自然的事；而在我们国家里，这就不是守旧思想，而是新鲜事物了。很显然，在西方，古典语言的教授早已形成了一定的学校形式，因而在那里，每一个受过中学或大学教育的人，都可以将就地担任这些学科的教师；也正是由于这个原因，很多小心谨慎的教师就坚持保留这一早就根深蒂固的学校教育形式；然而在我们这儿，当我们由于想要同时在大量的中学里开设古典语言课而不得不大量地招募这些语言的教师——不管在什么地方，也不管这是些什么样的人——那后果会怎样呢？不难设想，质量不高的教师只能培养出质量不高的学生，而质量不高的学生又会成为质量不高的教师——这样搞下去，我们就不能使我们学校获得古典语言的教育力量，而是只白白地浪费对新一代进行教育的时间，但这些时间却不可能失而复得。

我们俄国的学校是没有历史的，而要像购买某种外国机器那样获得学校的历史，那是不可能的，因而不管愿意还是不愿意，我们势必要走合理的道路，也就是说，要以科学为基础，以心理学、生理学、哲学、历史和教育学为基础，而最主要的，是必须以了解自己本身的要求、了解俄国生活的要求为牢固的基础，从而独立地（不醉心于模仿任何人）去搞清楚，俄国的学校应该是什么样的，它应该培养出什么样的人，应该满足我们社会的哪些要求；而为了满足这些要求，哪里需要古典语言，我们就在哪里开设这样的课程。在大学里、在教务会议上、在教师进修班上形成这样的见解，然后既以这种方式，又通过教育文献，把这种见解传播到社会上去；在这方面造成明确的社会舆论，从而使社会了解它对自己的学校应当有什么要求，并使学校了解它们应当满足社会的哪些要求——在我们看来，这就是使我们的学校扎根于我们俄国的土壤并且赋予它们以前所未有的生机的唯一途径。诚然，我们的社会将自己有能力培养自己的年轻一代的时期已不远了，但任何持久的改革（只要不是破坏性的，而是建设性的）的进程，却是很缓慢的。

最后，我们要向我们的读者道歉的是，我们在有关习惯的章节上把他们耽搁得太久了，但我们不能不这样做，因为教育活动之所以能够进行，其基础主要地就在于我们的神经系统具有获得习惯、保持这些习惯甚至使之代代相传的能力。

习惯与思想[①]

〔美〕杜 威

今日所讨论，系为习惯与思想二者与社会教育之关系。天壤间体质，有固定、流动二种；人类之行为，亦可与此二种体质相比拟，即：（1）反复行为，同种类行为反复屡见，虽亘多数年月而不变者；（2）变动行为，触境而发、遇事而生、不牵不滞者。人类行为，有此二种，故社会事业亦有守旧维新之别；因之遂生习惯与思想之划界。何谓习惯？自古及今人类所共同遵守之自然的规律是；何谓思想？随环境变迁所要求之新气象、新需求是。处理寻常事故，可沿习惯；处理新奇问题，当用思想。惟习惯易成，思想难构。譬之行路，其素熟者，虽狭隘幽僻，亦信步所之，无复疑虑；否则虽康庄平坦，亦彷徨道左，莫知所向。又譬之乘坐自行车，初固万难，苟得其法，则诚易易。故人喜墨守习惯，而恶创出思想。沿习惯如水就下，反习惯如水逆流。习惯之潜力，实足以束缚社会；不独束缚之，且有禁绝新思想侵入之倾向。盖畏难趋易人之常情，不知其弊，乃至于无以自存。介壳类动物，其初生也，以介壳能卫其肉体，遂极力产成之，久之介壳渐就坚实，肉体竟至不能发育。人类束缚于习惯，奚以异是？故无论何国，制度风俗，当其造成之始，均费许多力量，嗣以为此种制度风俗，能永永行之，不复改造，驯至与社会即有绝对不合，亦必泥守。譬之车行，车之所过，初有

① 选自《杜威在华教育讲演》，〔美〕杜威著，单中惠、王凤玉编，教育科学出版社，2007 年 1 月第 1 版。

辙迹，久之辙迹渐深，不独前行者沿之而过，尾其后者亦以为可以遵循不复改辙，终至同归倾覆而后已。故习惯既成，虽费九牛之力亦难强之使改。革命本足以改造社会，然但革人而不革心，革与不革等。中国当辛亥之年，人民以为经一度革命，必有一度更新，迄今10年，成绩不过尔尔，盖虽有改造之名而无改造之实故也。留心中国政治者，或谓中国现时尚需改革，或谓但须复辟，或谓改革复辟均无补，当行世界之最新政治，此均徒持高论、不切事实。窃以为中国无论改革复辟及行世界之最新政治，苟不洗涤国民旧染，终必徒劳无功。今日欲使中国由旧而新，第一须排习惯、重思想。凡有新思潮至，人人须生新觉悟，人人对此新思潮须详细研究，应如何迎受、如何支配。凡物常静常动者，不能引人觉意，必其由静而动或由动而静者，人始注意及之。新思潮即要求吾人注意，并要求吾以加以评判取舍。天下事非至万难之境，不生警悟；旧制旧俗平日沿用虽不生何种问题，苟至不能适用之时，则不能不思所以解决之道。各国制度风俗，非全不适用；“改造”二字，在彼尚不为急切问题；然今日改造声浪且日高一日，必欲将旧社会力加改良以求其全数适应；况在中国尤为对症之药乎？

中国处过渡时代，不进则退。有改造而后有进步；此种改造之责任，全在于社会之领袖。社会领袖非能责之普通人，实责在教育者。教育者须以新学问、新思想引导一般青年，夫然后谓之真改造。世之应付新思潮者，其态度约分为三种，就鄙见观察，（1）（2）两种均属不合，惟（3）为最适用。兹述之如下。

第一，固执。此派笃守旧习，对于新思潮全持反对态度，或因新思潮之反动其守旧乃愈甚。不知潮流所趋，虽有大力莫之能阻。昔有某国王，平日深居简出、不谙外事，其国人见王之固也，迁之海滨。某日潮至，王发命令使退，无效；又命近卫以帚却之，又无效；王座遂没。盖王不知潮为何物，欲以平昔惯用之手段应付之，其败也固宜。今之持固执态度以抗新思潮，正复类此。一方拒之愈力，斯一方求入之也亦愈甚，结果驯至冲突出而归于破坏。

第二，盲从。此派对于新思潮之来，不加详察，漫为采纳。如今日赞成共产主义之人，或未尝研究其利害，惟以其最新之制而欢迎之，此其病无异于固执。盖前者束于习惯，后者驱于情感。社会上有此二派互相争竞倾轧，使新旧文化无复有融会之一日，又安能达改造之目的？于是思想尚焉。

第三，思想。凡事临头，须凭推想之力以采其源变。有推想，斯有权衡；有权衡，斯有取舍；有取舍，斯能适应社会。旧未必全非，新未必全是，东西文化互有短长，苟能调和融会于二者之间，而创造一种文化，则社会自不难一新面目矣。

改造社会基于思想，既如上述；惟改换思想，必自青年始，以青年未染旧习，易于施行教育故也。教育者须以良习惯（适应时势之新习惯）输入青年脑中，使之成为将来社会之良分子。盖政治上之改革，不外对已长成之人与以一种之助力，其变动改革全在外要，故效力綦微。若教育上之改革则能铸造青年之思想信仰，其改革全在内面，故效力綦大。且此种改革，非若政治改革之激烈，自无反抗流血事实。诸君见中国革命后毫无进步，或有疑前此改革尚不痛快者，不知即令诸君具有大力，将中国旧制一一推翻，造出各种新制，然社会大多数人心理均无更换，亦属无效。故根本改革端在教育；而所谓教育者，要为主动的而非被动的。旧的教育，徒以养成为习惯；新的教育，乃能发挥思想。譬以牛马碓米，掩其目使之环行，彼牛马但知道循旧路，无复更改。人非牛马，故须时开新径以图进步，尤不宜自掩其目，失却心理上之光明。教育者之注意，即全在此点。但望负此责者，能激励儿童，使之奋发、勿生畏难之心，则社会之幸也。

如何培养孩子终身受益的习惯[①]

〔英〕赫伯特·斯宾塞

在世界很多地方都流传着这样两句谚语：“习惯是人的第二天性”，“教育孩子，就是逐渐培养他们良好的习惯”。

我认为，这两句话至少说明了教育所包含的一半的道理，那就是使所有教育内容以习惯的方式在孩子心中固定下来，特别是那些有助于自我教育的习惯。

一类是有助于心智发展、有助于培养自我教育能力的习惯；另一类是有助于孩子现实行为的习惯。

知识的传播、传递，主要依靠书本，而习惯的养成则主要依靠父母和老师（直到孩子有较强的自我教育能力之后）。

我认为对孩子终身有益的习惯具有普遍性，也就是说，任何孩子如果具备这些习惯，对自己的人生都是有益处的。

（1）习惯来自重复和快乐

有的人习惯用右手，是因为他长期使用右手；有的人走路很快，是因为他长期这样快地行走。习惯用右手的人，他的右手力量会比左手大，于是出于方便和力量的原因，他继续更多地使用右手；习惯于走路快的人，他的步伐有力，总能迅速到达目标，于是又促使他经常以这种步幅和频率行走，除非他通过这种方式遇到了重大失败。改变他的这种

① 选自《斯宾塞的快乐教育》，〔英〕赫伯特·斯宾塞著，颜真译，海峡文艺出版社，2005 年 2 月第 2 版。

习惯和培养这种习惯所花的时间几乎相当。

人培养了自己的习惯，又逐渐被这种习惯所改变，这就是习惯的力量，好的和不好的都同样如此。

习惯产生于诱导。

为什么有这样而不是那样的习惯？为什么这种习惯保留了下来，而另一种习惯消失了？其中最主要的原因来自于诱导。诱导是人生最初的老师，它总是把外在的目的和被诱导者内在的需求兴趣结合起来，它深谙任何人对快乐的天然需求和对不快乐的天然排斥，它深谙奖与罚、赞誉和批评对人的影响；正是因为诱导的原因，使一切习惯开始了它的第一次，接着是第二次，第三次。

最成功的诱导是使诱导的对象从中获得自我认同，不是来自外界，而是来自内心的自我认同。明智而聪明的父母，常常会根据每个孩子不同的兴趣点，找到诱导的时机、诱导的内容。这比一千遍的要求、说教要有用得多。

好在在我们了解了快乐教育和自我教育的相关原理之后，这样的诱导并不像占卜一样困难，相反，它实际很简单。

诱导在于有趣。

几乎所有习惯都开始于有趣，然后才与一定的目的、目标相结合，当这些有趣的事与实现某一理性的目标越来越同步，则有趣的事情被固定下来，成为主动选择的习惯。

（2）如何培养孩子专注的习惯

一方面，专注是与孩子本能的好动、见异思迁、喜新厌旧相矛盾的；另一方面，专注又时常表现在孩子感兴趣的事情上。但总体来说，专注是与一般孩子的特点相矛盾的，需要通过诱导和重复来使他们养成专注的习惯。

我认为，在孩子求知和现实的所有行为中，缺乏专注是十分常见的。浅尝辄止、兴趣转移、东游西荡几乎是每个孩子都可能表现出的状况，我认为孩子通过这些自然的方式也能获得一些知识，但如果能加上那么一点专注的习惯，则会更好。

小斯宾塞从7岁时，我便开始培养他专注的习惯，这一点后来使他无论是在学习上还是生活上，都终身受益。我的计划分为这样几个方面：一是通过一点小实验，启发他明白专注的含义和作用；二是通过几件有趣的事，培养他的专注习惯，并让他体会专注的快乐；三是把一般的专注引申到求知上，然后在生活中加以重复。

一天，我和小斯宾塞出去郊游，并准备在外面野炊。小斯宾塞一听说要在外面野炊，简直高兴得不得了。到了德文特河的上游，我们已经饥肠辘辘。于是在一块大石头后面搭好了灶台，捡来了一些干草和枯树枝，准备生火做饭。但是，我们都忘记了带火柴。怎么办呢？小斯宾塞急得没了主意。我提出一个想法，要是能利用太阳光把干草点燃就好了。小斯宾塞赶紧把干草放在太阳光下面，等了很久，干草只是被晒热了，并没有着火。我又提议，要是能把太阳光长时间地集中在一点上，草一定会被点燃。小斯宾塞完全同意这个办法，但他认为这是不可能的。正当他有些泄气的时候，我从背包里取出一个凸透镜，用石头固定下来，然后把干草放在焦聚的一个亮点上，开始，干草也没有反应，过了一会儿，又过了一会儿，干草发出了“吱吱”的声音，然后冒起烟来，小斯宾塞高兴得满脸通红，像发现奇迹一样。结果，我们美美地吃了一顿。小斯宾塞一直很好奇，这个镜片为什么会把草点燃呢？我告诉他，点燃干草的不是镜片，仍然是太阳光，因为它才有热量。镜片的作用是把光集中在一点上，并长时间地照射，才把草点燃的。我顺便说，这个道理在很多地方都可以用，人也可以，只要人把注意力长时间地集中在一件事上，也会产生意想不到的效果。我说，比如你想记住好朋友的生日，只需要集中注意力在脑子里想几遍，就行了。小斯宾塞第一次朦胧地明白，什么是专注。

第二次，我们去观察蚂蚁。这是小斯宾塞最喜欢做的事了。我提议这个星期天我们要把蚂蚁王国的情况彻底搞明白，其他事我们一件也不做。即使其他小朋友来约你出去玩，也不去。小斯宾塞欣然同意。我准备了十张小卡片，还有一本关于昆虫的书。每一张小卡片上都有一个问题，按这些问题，把有关蚂蚁的所有资料，全都查出来，抄上去。中午的时候，邻居的小威尔士叫他出去玩，就这样，我们花了将近一天的时间，把有关蚂蚁的情况全都弄清楚了。

最后，我问他快乐吗？他点点头说，太有趣了。

再后来，我就经常让小斯宾塞练习一段时间只做一件事。一本书没

有看完，不去看第二本，除非他决定放弃；一幅画没有画完，不去画别的；做一件事时，不去想其他的事；等等。多次以后，他渐渐养成了专注的习惯，他总能从专注地做一件事中找到乐趣，也渐渐没有了往日的那种浮躁，心总能平静下来。只要一开始决定做一件事，他就会安静下来。

我非常了解这种习惯对他以后学习和工作的作用。

当然，我也不去限制他对其他事物发生兴趣，但总鼓励他在一段时间做一件事情，或对一个东西感兴趣。并把它彻底弄明白。

一旦形成了专注的习惯，孩子的心智潜能是非常巨大的。

值得特别谈到的是，也许训练孩子专注，一开始所做的事，并不是父母或老师所希望的知识。但不要忘记，学习任何知识，一方面是为了掌握知识本身，另一方面是在这个过程中使孩子的心智受到启发和训练。就像要让孩子去抓住一张混杂在一堆卡片里的某张卡片一样，他虽然一开始抓到的也许并不是你期望的，但在这个过程中他的手指和思维、感知能力同样得到了训练。所以，培养孩子专注，一开始应该选择他感兴趣的，而不是父母自己感兴趣的事。这样做，会容易得多。

（3）运用一次，胜过死记十次

只要研究一下所有传统手工艺，以及许多家庭技艺的传授过程，我们就会发现一个有趣的现象：许多非常复杂的工艺技术和非常微妙的工艺经验，按道理是非常不利于传授的，但结果却出乎意料地在他们孩子手中完美地得以传承。是什么方法，使他们的孩子对这些技艺感兴趣？又是什么方法使他们的孩子有效地学习并熟练掌握这么复杂的技艺呢？

运用，正是“运用”这一方法使兴趣与实用、知识与目的结合起来，从而达到了意想不到的教育效果。

我认为知识如果没有自我发现的特点是不会掌握得很牢固的，同样，知识如果不与运用（哪怕仅仅是出于训练和教育目的的运用）相结合，则是僵死的，既不利于调动孩子的兴趣，也不利于知识的自我衍生。

运用，至少有三个必然的结果：一是调动孩子的积极性，增强他们的兴趣和自信心；二是使已有的知识得以重复进而充分理解和掌握；三是使这些知识产生新的知识。还有什么比这更让父母和老师们高兴的呢？

我培养小斯宾塞学会运用，是从下面几件事开始的。后来我发现除了使小斯宾塞感到其乐无穷之外，效果也令人吃惊。

“写”一度是小斯宾塞最不愿意做，也感到最困难的事。可以想，可以说，但就是不愿写。怕写、烦写，一说起写就愁眉苦脸，能拖则拖。怎么办呢？任何一个研究过教育的人都知道，写是思维的训练过程，写是记忆的重复。

我想到了运用。正好有一段时间，我的嗓子有些沙哑，医生建议我少说话，否则有失声的可能。我于是和小斯宾塞玩起了字条游戏。所有的日常交流，都只能通过写来实现，否则就达不到目的。这时小斯宾塞只有6岁多，能写的单词和句子有限。但为了生活，必须写。一开始，我们只写简单的意思，比如“衣服该洗了”，“今天中午吃什么”，等等。到后来，我们的字条渐渐涉及到对一些事物的评价，看法。每次写的句子越来越多，越来越复杂。他出现语法错误时，我就在字条上纠正一下。

一个月后，当我嗓子已完全恢复时，小斯宾塞的书面写作能力已大有长进，而且不用去要求他，他也会习惯地把许多东西写下来。我想，如果不是因为运用，就是花上半年时间，他也不会有现在的书写能力。再后来，我们经常通信，只是在家里。这个习惯一直保持到他大学毕业。

为了培养他的阅读习惯，我提出了一个建议，我们双方为对方每天读一段书。这是他最感荣幸的事情。这样我们双方都可以用劳动来换取享受，既公平又快乐。他读错的地方我会纠正，并要求他做个记号，避免下一次读错。这样，每天晚饭后，或者睡觉前，我会惬意地躺着，充分享受这段美好时光。所读的内容有报刊上的文章，也有书籍，特别是爱默生的一些随笔，这对我们俩来说都是美和智慧的享受。阅读，使小斯宾塞的理解力大大增强，也使他在快乐中获取了知识。不过，我从来不要求他读那些言之无物、低俗浅薄的书籍。

没有比这种运用更让双方愉悦的事了。

许多时候，孩子们无目的地四处闲逛，是因为找不到更有乐趣的事做。其实他们这种时候并不快乐。有时不得已与一些年龄比自己小得多的孩子一起玩耍之后，心里也是空虚的，只要引导他去做更有乐趣的事，他一定很高兴。

在小斯宾塞8岁的时候，我正式聘用他做我的资料员，每周一便士。我交给他的工作是帮我收集报刊和学校的所有与教育有关的资料，新闻报道、学术文章。方法很简单，他先把这些资料找出来，然后按重要程度做排列（这种重要程度他完全可以自己来作判断）。这样他就必须阅读。开始他只是搜集，后来他逐渐会对一些事件发表看法，有的很幼稚，有的出人意料，但我都一律表示鼓励。允许讨论是认识真理的前提。每周一便士归他自己所有，自己支配。每当他拿到薪水时，自豪和兴奋溢于言表。运用，已使小斯宾塞在知识积累和用知识获取新知识方面取得了很大进展。除此之外，在品质、习惯方面也收到了效果。从某种意义上说，他的确帮我做了一些必要的事，减少了我的工作量。

其实，这种运用几乎在每个家庭和学校都可以办到，需要的只是一点点教育观念的改变。如果你在经商，就可以让孩子为你收集一些商业方面的资料。不管开始多幼稚，这毕竟是一个有益的求知过程。

“运用知识”，成了小斯宾塞的座右铭，即使后来面对很多仅仅是理论和基础的学科，小斯宾塞仍然保持着“运用”的习惯，这使他总会去研究与某一学科相关的现实状况及原因。

（4）每天积累一点点

从很小的时候起，我便开始有意识地培养小斯宾塞养成积累知识的习惯，我认为将来即使他完全脱离了学校和家庭教育，这种习惯都是有用的。我为他准备了许多可以长期保存的小笔记本，并和他一起把它们装饰得很漂亮。我让他把学到的东西都记上去，日积月累，就会有取之不尽的财富。

这种诱导开始并不容易，我就从他的储钱罐开始。

我为他准备了一个储钱罐，告诉他如果把平时得到的零花钱放进去，日子久了，就会有一笔数目可观的钱，可以去买自己享受的、比较贵重的东西了。他听了以后，兴趣高昂地开始存钱了。这实在是给教育提供了太好的启发，一方面说明孩子有积累的兴趣，另一方面他们看到自己积累的东西时很有成就感。只是存钱是一件相对简单的事，把得到的钱扔进储钱罐就可以了，剩下的事就是时常去摇一摇，听听它们撞击时发出的叮叮当当的美妙的声音。如果把知识的积累也能变得这样有趣，那教育就太容易了。一次，我向小斯宾塞提出了一个建议，我说，仅仅把钱存起来，而不知道这些钱是怎样来的，一共有多少，有没有丢失，好像还不够好，最好做一个记录，把每笔钱得来的过程、数量都记下来，然后每一个月，再取出来对照一下，这样会更有趣。小斯宾塞想了想，觉得有道理。

有了记录的习惯，再把这种习惯用到求知上，就容易多了。我开始选择的是许多孩子都感兴趣的昆虫学。每了解一种昆虫，就把你知道的记在自然笔记上。小斯宾塞问我：做这些有什么用？他当然是指的现实的能够带来乐趣的用途。我告诉他，这和用储钱罐存钱是一样的道理，你很快就能发现它的用途。不信，你可以试试在和小朋友们玩的游戏中来使用。

小孩子喜欢玩的游戏之一就是老师和学生的游戏，谁都希望去扮演一下老师，给别人滔滔不绝地讲上一大通。我就让他们玩这个游戏。每次轮到小斯宾塞的时候，他就拿上他的笔记本，头头是道地讲上一通。因为有笔记本的帮助，他总会讲得让别的小孩子羡慕不已。

任何事情，开头是有困难的，一旦养成了习惯，就不再困难了。时间一长，小斯宾塞积累知识的习惯便慢慢养成了。用不着你过多地去提醒他，他都会乐此不疲地为笔记本每天增加一点点内容。

在小斯宾塞年龄稍大一点以后，我常常对他说，知识和善行一样，是点滴积累的，每个人的财富和人生幸福、友谊等也是靠点滴积累的，要有静下心来做点滴小事的习惯，只要是发自内心，就一定会有乐趣。

人生活在世界上，并不是每时每刻都是兴高采烈、激动不已的，相反很多时候都是平淡无奇的。我们要善于在平淡中发现乐趣，积累知识无疑是其中最有意义的活动。

为了使这一习惯得以稳固下来，我还鼓励小斯宾塞经常把过去记的笔记本拿出来整理。破损了的，把它修好，有新认识的，又加上去。这样，逐渐把小斯宾塞的注意力吸引到更有趣的事情上。

（5）自己作选择的习惯

我认为，所谓命运就是由无数选择和取舍而构成的。知识带给人的最大好处是使人的选择的可能性更多。

孩子们同样也经常面临选择，也常常会因为不明白选择的道理而困

惑，10 个便士，是买这个小木偶呢，还是买那个糖果，是买这双黑色的鞋呢，还是买另一双；星期六，是玩以后再做功课呢，还是做了功课以后再玩，是看这一本书呢，还是看另一本等。尽管每一个孩子最终会选择、取舍，因为常常不可兼得，但选择前的犹豫和选择之后的后悔是常有的，而大多数情况下，会因此而影响心情，使自己陷入接下来的模糊不清的坏情绪中。小斯宾塞开始也一样，常常为不知如何选择和不明白选择的含义而苦恼（这是成人也常有的表现），他总会说“假如我当时这样，假如我当时那样”。我告诉他说：孩子，没有假设，生活就是取舍。重要的不在于去假如，而是满意自己的选择，并为之努力，然后充分享受选择所带来的快乐。

小斯宾塞 10 岁的时候，镇上的公共图书馆因为资金的原因关闭了，使许多孩子没有书看，这实在是一件痛苦的事情。一个偶然的机会，小斯宾塞发现还有很多的书堆在地下室的库房里。他回来后告诉我，这些书足够开一个图书馆了。我告诉他，开图书馆必须有场地，还必须得到镇议会的同意。你如果愿意干，我会支持你，只是一切得靠你自己。小斯宾塞有些犹豫了，干，还是不干，孩子面临着选择。

一周以后，小斯宾塞决定干，让我把他带到镇议会。议员们礼貌地听完他的话，都大吃一惊。镇长表示，他们需要讨论一下。他们想，这也许是孩子一时的热情，拖一拖，热情也就没有了，不必为此事大费脑筋。

回家后，小斯宾塞问我，议员们会同意吗。我想了想，看着他说：你真的决定了吗？他肯定地点点头。我说：“按你的选择去做吧。”

此后，小斯宾塞每天晚上会给镇长打一次电话：“我的请求你们同意了吗？”但镇长每一次都告诉他，还没有。就这样，小斯宾塞继续打电话，连打了几个星期的电话后，镇长也许确定孩子的这种想法并非一时兴起，议员们也都同意了，但提出了苛刻的条件：一切都得小斯宾塞自己干，没有经费、材料；图书馆办成后，必须由成人来管理。小斯宾塞同意第一项，但拒绝第二项。他对议员们说：“既然成人们没有给我帮助，我也不需要成人来管理。”他还说，如果不同意的话，他会每天给一个议员打一次电话。最后，议员们让步了。

接下来，小斯宾塞开始了他艰苦的工作。他找来了他的好朋友，我和几个邻居也一起帮他收拾。这是一个又暗又潮湿的地下室，而且很脏。第一天干完活回来，小斯宾塞抱怨道：这个地下室太脏了。我看看他说："放弃吗？还是选择？"他像被激怒似的说："选择。"第二天，一个邻居给地下室安上了电灯，还有几个小斯宾塞的朋友的父亲搬来了书架。平时总爱唠叨的桑德斯太太还在墙上挂上了墙布，桌上铺上了桌布。一个崭新的图书馆就这样诞生了。

开放的时间是每周二、四，下午4点到6点。小斯宾塞每到这个时间总会坐在图书室。不断有人送来一些旧书。图书馆没有苛刻的规则，甚至不需要借书证，小斯宾塞对每个人都了如指掌，他只记下借书人的名字和书名。

开始一切还算顺利，但冬天来了，没有暖气的地下室寒气逼人，几乎没有一个人来借书，只有小斯宾塞和他的朋友干坐着。小斯宾塞回来说："太冷了，没有一个人来借。"我又看着他说："想放弃吗？"他轻轻地摇头。后来，我的一些邻居把家里不用的旧地毯送去，铺在地上，还装了一个煤油取暖器。冬天和春天总算过去了，学校放暑假了，图书馆成了孩子们快乐的天堂。

伦敦的一家报纸率先报道了这件事。不久英国皇家图书协会向他赠送了一大批图书，还给他颁发了奖章，许多人从英国的各个地方给他寄来书籍和信，当他拿到奖章和热情洋溢的信时，我问他："选择，还是放弃？"他再一次肯定地点了点头。

当然，不是每一个孩子都会有同样的经历，但他们都有类似的冲动。选择，还是放弃？我希望父母和老师经常这样问问孩子。这是孩子由感性走向理性，由幼稚走向成熟的重要一步。一旦他养成了这样的习惯，他就可以在许多事情上不再处于混沌、蒙昧的犹豫中；一旦他作出选择，也会懂得选择的真正含义。

我认为，一个人，只要他的选择是发自内心的，并在选择后勇敢地面对一切，他一定会有所成就的。

要告诉孩子，选择，也就一定意味着放弃，只有放弃别的，才是尊重自己的选择。在成人的经验中，我们都明白，一个人以后的生活幸福

与否，成就大小，不是取决于他是不是聪明、幸运，而是取决于他是否懂得选择，并为之付出努力。我们不能因为孩子小而不去告诉他们这个道理，其实对他们而言，生活早已开始。

培养孩子终身受益的习惯吧，从生活中去选取教材。这是父母能给予孩子最好的礼物，它胜过金钱、财富、地位。

论 习惯和风气对道德赞许情感的影响[①]

〔英〕亚当·斯密

一、论习惯和风气对美丑评价的影响

除了上述我们提到的对人类的道德情感产生重大影响的因素外，习惯和风气也支配着我们对美的判断。

如果两个事物经常一起出现，一旦这种恒定的状态被打破，人们就会感到特别不舒服，因为它似乎破坏了我们固有的习惯。就像掉了一粒扣子的衣服总让我们感到不愉快和别扭一样，情趣高尚的人难免要厌恶低俗平庸的东西，而习惯杂乱无章的人对整洁并没有特别的要求，这里起作用的都是习惯的支配力量。

风气有别于习惯，但它同时又是某种特殊的习惯。比如我们把显贵们优雅气派的举止与其尊贵的地位自然联系起来，一旦他们不摆出这样的姿态我们反而感到不习惯；如果下等人故意模仿这种姿态也会让我们产生反感，这就是人们受风气影响的例子。

人们普遍认为，服饰和家具完全受习惯和风气的支配，其实习惯和风气的影响远不止这些，它还广泛存在于音乐、诗歌和建筑学之中。比如传唱多年的经典老歌、与世长存的古老诗篇，其风格和表现手法往往可以流行多年而不发生重大的变化。

尽管人们很少承认习惯或风气在艺术品的审美判断方面发挥着重要

① 选自《道德情操论》，〔英〕亚当·斯密著，何丽君译，北京出版社，2008年9月第1版。

作用，但事实却往往如此，习惯和风气对建筑学、诗歌和音乐的影响，就如同对衣服和家具的影响一样是确定无疑的。人们很难接受早已习惯的建筑物样式的突然改变，纵然新的样式可能是更先进更优美的。这就是习惯和风气所具有的特殊影响力。

但是，习惯也并非是一成不变的。比如，一种韵律诗在一个国家常常用来表达严肃庄重的内容，而在另一个国家却被用来表现轻松滑稽的内容。一个艺术大家可以让一些业已确定的艺术形式发生重大的改变，正如显贵们哪怕是稀奇古怪的服饰也会被人广泛认同和效仿一样。所以一个大师可以改变并创造一种新的风格。

不仅是艺术品会受到习惯和风气的支配性影响，我们对自然对象的审美判断同样也受到习惯和风气的影响。正如耶稣会会士比菲埃神父所言，任何对象的美都存在于它所属的那种特殊事物最普通的形态和颜色之中，换句话说，美往往就存在于介于极端之间的适中对象之中，最常见的形状往往也是最美的形状。

那么，按照神父的论述，美即源自人们的习惯，但是，笔者还是无法就此认为，外表美的感觉完全取决于习惯，因为物体的效用是其产生美的重要因素，但它并不受习惯的影响。我们的眼睛总是更青睐某些颜色，无论我们对另外一些颜色多么熟悉都无法改变我们的判断，我们总是更喜爱优雅的外表，无论我们对粗俗的外表有多么熟悉。

当然，习惯并非美的唯一原则，但是如果有悖于人们的习惯，任何事物都不会美得令人心旷神怡；如果与人们的习惯相符，一个事物纵然再丑也不会丑得让人无从忍受。

二、论习惯和风气对道德情感的影响

如前所述，习惯和风气对各种美的情感有着如此重大的影响，它们同样也会对行为美的情感产生重要的支配作用。并且关于对行为的赞同与否的道德上的情感，虽然难免会发生一些偏差，但却不可能被完全歪曲，因此相对于美感很容易因习惯和教育的影响而发生变化而言，美感的产生受习惯和风气的影响往往更大。

即使习惯和风气对道德情感的影响并非总是十分重要，但至少跟它

在其他地方的影响是相似的。在良好的环境中成长起来的人，我们很容易发现他具备正义、谦虚和人道的美好品质，而在恶劣环境中成长的人，往往会视虚伪、放荡的行为举止为理所当然。这都是习惯对行为影响的结果。

风气也并非一定是好的，它有时也会对一定程度的混乱大加赞誉，而使高贵的品质遭受冷遇。比如查理二世在位的时代，某种程度的放荡不羁被认为是自由主义教育的特征，被视为真诚高尚的举止，而庄重的举止和正规的行为都同狡诈、伪善、欺骗和下流联系在一起。把大人物的缺陷视为优点，却鄙视小人物具有的真正的美德。

不同的职业和生活状况使人们形成了大相径庭的品质和行为方式，但在各种事物中，人们总是倾向于偏好中庸，并希望人们具有合宜的与其生活境遇相伴而生的品质，既不要太多也不要太少。比如我们期望在老年人身上看到沧桑、成熟和稳重，期望从青年人身上看到活泼、敏锐和快乐。但是，这些特点都不能太过，青年人过于活泼以致让人觉得轻浮或者老年人过于沉稳近乎固执的话，都会令人不快。如果青年人具有老年人的沉稳，而老年人仍有青年人的活泼的话，则是非常令人愉快的。但是，两者过多地具有对方的行为方式很容易使人不快。比如年轻人过于少年老成和深谙世故，以及老年人过于放纵和轻浮，都是难以让人欣然接受和首肯的。

由于职业习惯所形成的特殊举止和品质，往往具有与习惯无关的合宜性，并且如果我们考虑到当事人所处的具体环境，就会对他的举止和品质表示赞同。一个人行为是否合宜，要取决于它是否适应一切环境而非某一具体环境，否则我们就难以赞同其行为，但也不排除我们会对他主要感兴趣的对象所表现出的情感表示完全同情和赞同。

我们可以理解一个失去孩子的父亲的悲恸和脆弱，但不能原谅同样作为一个孩子的父亲的将军也这样表现。因为一般情况下，不同职业的人所应该注意的对象是不同的，从而他们应当表现出来的激情也是不一样的。

只要我们设身处地地想象一下就会明白，每件事情都会因为当事人业已形成的习惯与其当下心情是否一致而不同程度地影响着他们的情绪。牧师和官员对生活乐趣的感受和体验肯定是有差异的。牧师的职业

要求他要具备严肃冷静的品质，因为作为上帝的使者，他所传递的音讯是严肃和庄重的，轻率和冷漠则会破坏他的职业效果。这样，牧师职业行为的合宜性就不以他个人的习惯为转移，而年深日久形成的行为习惯已与其职业特点完全融为一体。

但是，我们对于其他职业所应具有的品质的看法就不这么简单明了了，我们往往根据个人所理解的对方应有的习惯来加以评判。比如，我们认为军人的性格就是活泼、自由、轻浮甚至某种程度的放荡。但是如果要问什么样的性情才是这种职业最理想的性情时，我们往往会认为那种思虑周全、严肃果敢的性格才是最好的。但也许是因为军人的特殊处境，导致了相反的性情在军人中更为流行。为了战胜对死亡的恐惧，将生死置之度外，他们唯有通过各种娱乐和放荡的狂欢来暂时忘却自己危险的处境。因此军营绝对不是思想者的理想场所。思想者长时间的思虑往往会使他筋疲力尽而难以应对任何险情，但是纵情享乐的人从来不去考虑那些深谋远虑的方案，他们仅仅通过享乐来麻痹自己，从而使自己忘记一切忧虑。总之，军人的职业决定了他们需要具有纵情享乐和放荡不羁的品质。并且，我们很容易习惯性地将这种品质和他们的生活状况联系起来，如果某个人没有与其状况相匹配的性情和举止，我们反而会轻视他。比如我们会非常不习惯一个城市的卫兵总是板着一副脸孔且小心谨慎的样子，因为这与我们的期望和我们常见的表情大相径庭。

同样，不同的时代和国情条件会使各个国家的国民拥有不同的性格，对这些性格的优劣评价和标准的把握也随着国家和时代的不同而有所区别。比如，在我们看来是文明礼貌的举止，在俄罗斯人看来可能就是女人气的谄媚，而在法国又可能被认为是粗俗的举止；在我们看来是俭朴的品质，在波兰贵族看来却是过分节省甚至吝啬小气的表现，而在阿姆斯特丹又会被认为是奢侈浪费。

每个时代和国家，通常把受人尊重者所具有的品质视做最合宜的美德，并且随着环境的改变而作相应的调整。这样，在文明的国家以人道为基础的美德就会得到更多的培养，而在野蛮的国家自我控制的美德则会更受重视。

文明和发达的国家不太在意培养面对危险、忍饥挨饿的耐力，而在野蛮国家，这成为一种基本的生存能力，每个人都要经受这种斯巴达式

的严格训练，从小养成在艰苦恶劣的环境中不屈不挠的精神。

我们同情别人的前提往往是自己身处舒适之中，如果我们正遭受折磨就会无暇顾及别人的苦痛。野蛮人在力求自保的情况下，既不会顾及别人，也不渴望从别人那里获取同情。他们不愿意让内心的激情影响了自己平静的外表和镇定的举止。

北美人会在一切场合都装作一副满不在乎的样子，而不愿流露出爱憎情绪，认为那样会有损自己的尊严。他们的过多自制往往会令欧洲人愕然。北美人的婚姻都由父母决定，男子从来都非常冷漠，从来不会对与之结婚的女子流露出特别的爱意，否则就会被人耻笑。

文明人会宽容一个人对爱情的向往，而野蛮人则将其视为绝对不能原谅的女人气的举止。即便婚后他们也仍然保持着对两性激情的漠然态度。其实，野蛮人不仅在两性激情上表现出令人诧异的自控能力，并且，他们在大庭广众之下也常常能忍受别人的侮辱诽谤和挖苦讽刺，而从来不流露出丝毫的愤怒。即便他们得知自己被处死的消息时，也异常冷静和镇定，因为他们自小就养成了一种向死而生的勇气，并以此为荣。他们在忍受痛楚中尽情地体验自己蔑视敌人的快乐，所以他们在被俘之后遭受折磨之时还能高唱死亡之歌。世上最残酷的景象莫过于此：英雄民族被残渣余孽的败类和道德败坏的恶人统治，他们轻浮残忍的卑劣行径受到被征服者的鄙视！

野蛮人的国家教育其国民要从小养成百折不挠的超凡勇气，而这些品质在文明社会并不要求具备。文明社会的人如果抱怨痛苦和哀叹贫困，为爱情而懊恼或为愤怒所困扰，会很容易获得人们的理解和原谅，而不会被认为是软弱的表现，最多会使自己失去一点声誉而已。

一个富有人道精神的文明人，更容易同情别人激动的情绪，也更容易原谅别人过分的举止。当事人往往也认为在自己判断公正的情况下，任由自己的情绪充分流露而不害怕会遭到人们的反感。我们在朋友面前比在陌生人面前更容易流露真实的情绪，因为我们期望从朋友那里获得更多的宽容。同样，文明民族较野蛮民族而言，也更宽容人们的激动的举止，文明人以坦诚为交谈原则，野蛮人以保守为交谈原则。总之，文明民族和野蛮民族在自我控制方面的要求差异很大，因此他们也按照各自不同的标准来判定人们行为的合宜性。值得注意的是，这种差异往往

又会引起许多其他重要的差别。尊重天性的文明人就会变得更加真诚、豪爽和坦率，而善于抑制和掩藏自己情绪的野蛮人就会变得更加阴险、虚伪和狡猾。

野蛮人内心的激情常常深深埋藏在心里，即便其愤怒已达到无以复加的程度，也不会有丝毫的流露。但是当他一旦着手报复的时候往往又是最为残忍和恐怖的。他在绝望中悄无声息地实施着最残酷和猛烈的报复。文明人的吵吵闹闹并不会造成实质性的伤害。

但是，习惯和风气对人类道德情感所产生的影响，较它们在其他地方的影响而言，往往是微不足道的。由原则引起的判断失误，与一般的品格和行为并不相关，而与特殊习惯的合宜与否则有更大的关联。

虽然习惯会使不同职业和生活状况的人赞同不同的行为方式，但习惯并不是影响人们行为选择和期待的唯一决定力量。例如我们会期待从老年人、青年人、牧师和官员身上都能看到真理和正义。另外，我们会发现，有一种习惯教导我们赋予各种职业的品质的合宜性，往往独立于习惯之外，那就是对一种美德过分强调会对另一种美德造成损害。波兰人的殷勤好客也许会对节约和秩序有所损害，而荷兰人的节俭也许会对慷慨和亲密关系有所损害，野蛮人的坚强削弱了人性化，文明人的过于敏感又损坏了他们的刚毅。一般而言，任何民族所形成的性格特点，都是最适合于它的特殊处境的。

所以说，习惯所许可的对行为合宜性的最大背离并不是在一般的行为方式方面。习惯会使某些特殊的行为方式严重损害良好的道德，但也容易把严重违反善恶和是非原则的特殊行为判定为合法，从而让人无从指责。例如，杀害婴儿被认为是最令人发指的野蛮行径，但在希腊，甚至是以文明著称的雅典，这是被习惯所认可的，遗弃或让野兽吃掉婴儿都不会遭受责备和非难。如果习惯能够认可如此可怕的违背人性的行为，我们就无法想象，还有什么粗野的特殊行为不能得到认可。

再谈管孩子[①]

徐志摩

你做小孩时候快活不？我，不快活。至少我在回忆中想不起来。你满意你现在的情况不？你觉不觉得有地方习惯成了自然，明知是做自己习惯的奴隶却又没法摆脱这束缚，没法回复原来的自由？不但是实际生活上，思想、意志、性情也一样有受习惯拘执的可能。习惯都是养成的；我们很少想到我们这时候觉着的浑身的镣铐，大半是小时候就套上的——记着 0 岁到 6 岁是品格与习惯的养成的最重要时期。我小时候的受业师袁花查桐荪先生，因为他出世时父母怕孩子着凉没有给洗澡，他就带了这不洗澡习惯到棺材里去——从生到死五十几年一次都没有洗过身体！他也不刷牙，不洗头，很少洗脸。脏得叫人听了都腻心不是？我们很少想到我们品格上，性情上，乃至思想上的不洁多半是原因于小时候做父母的姑息与颟顸。中国人口头上常讲率真，实际上我们是假到自己都不觉得。讲信义，你一天在社会上不说一两句谎话能过日子吗？讲廉讲洁，有比我们更贪更龌龊的民族没有？讲气节——这更不容说了！

这是实际情形，不容掩讳的。我们用不着归咎这样，归咎那样，说来很简单，只是一个教育问题；可不是上学以后，而是上学以前的教育问题。品格教育，不是知识教育。我们不敢说合理的养育就可以消灭所有的败类；但我们确信（借近代科学研究的光）环境与有意识地训练在10 次里至少有八九次可以变化气质，养成品格。什么事只要基础打好

① 选自《徐志摩散文集》，徐志摩著，来凤仪选编，浙江文艺出版社，2006 年 1 月。

就有办法：屋漏了容易修，墙坏了可以补，基础不坚实时可麻烦。管好你的孩子，帮他开好方向，以后他就会自己寻路走。

但是你说谁家父母不想管好他们的孩子？原是的。但我们要问问仔细，一般父母心目中的“好孩子”究竟是不是好孩子。究竟他们的管法是不是我在上篇里说过。（一）替孩子本身的利益着想；（二）替全社会着想。我的观察是老派父母养育儿女的观念整个儿是不对的。他们的意思是爱，他们的实效是害。我敢断定现代大多数的父母是对他们的子女负罪的。养花是多简单的一件事，但有的花不能多晒，有的不能多浇水，还有土性的关系，一不小心，花就种死，或是开得寒伧，辜负了它的种性。管孩子至少比养花更难些。很多的孩子是晒太多浇太勤给闹坏的。这几乎完全是一个科学问题，感情的地位，如其有，很是有限，单靠爱是不够的。单凭成法也是不够的。养花得识花性，什么花怎么养法；管孩子得明白孩子性质，什么孩子怎么管法——每朝每晚都得用心看着，差不得一点。打起了底子，以后就好办。

这话听得太平常了，谁不知道不是？让我们来看看实际情形。我们不讲无知识阶级的父母，实际乡下人的管孩子倒是合理得多，他们比较的“接近自然”。最可痛的是所谓有知识阶级乃至于“知识阶级”的育儿情形。别笑话做母亲的在人前拖出奶来喂孩子，这是应得奖励的。有钱人家有了孩子就交给奶妈，谁耐烦抱孩子，高兴的时候要过来逗逗亲亲叫几声乖，一下就喊奶妈抱了去，多心烦！结果我们中上等人家的孩子定是老妈乃至丫头们的玩物！有好多孩子身上闻着老妈的臭味，脸上看出老妈的傻相！

单看我们孩子的衣着先就可笑。浑身全给裹得紧紧，胳、胫、腿，也不叫露在外面，怕着凉。怕着凉，不错；可是裤子是开裆的，孩子一往下蹲，屁股就往外露，肚子也就连带通风——这倒不怕着凉了！孩子是不能常洗澡的，洗澡又容易着凉，我们家乡终年不洗澡的孩子并不出奇，我不知道我自己小时候平均每年洗几回澡，冬天不用说，因为屋子不生火，当然不洗，夏天有时不得不洗，但只浅浅的一只小脚桶，水又是滚烫，（不滚容易着凉！）结果孩子们也就不爱洗。我记得孩子时候顶怕两件事：一件是剃头；一件是洗澡。“今天我总得‘捉牢’他来剃头”，“今天我总得‘捉牢’他来洗澡”，我妈总是这么说；他们可不对我讲一个人一定得洗澡的理由，他们也不想法把洗的方法给弄适意些。这影响深极了，我到这老大年纪每回洗澡虽不至厌恶，总不见得热心，看作一种必要的麻烦，不是愉快的练习。泅水也没有学会，猜想也是从小对洗澡没有感情的缘故。我的孩子更可笑了。跟我一样，他也不热心洗澡。有一次我在家里（他是祖母管大的），好容易拉了他一起洗，他倒也没有什么，明天再洗，成绩很好，再来几次就可以引起他的兴趣的希望。可是他第二天碰巧有了发热，家里人对他说：你看，都是你爸爸不好，硬拖你洗，又着凉了，下回再不要听他的！他们说这话也许一半是好玩，但孩子可是认了真，下回他再也不跟爸爸洗澡了。

像这类的情形真是举不胜举；但单纯关于身体的习惯，比较还容易改。最坏是一般父母心目中的“好孩子”观念。再没有比父母更专制的；他们命令，他们强制，他们骂，他们打；他们却从不对孩子讲理——好像孩子比他们自己欠聪明懂不得理似的！他们用种种的方法教孩子学大人样——简单说，愈不像孩子的孩子在他们看是愈好的孩子。孩子得听话，不许闹——中国父母顶得意的是他们的孩子听人家吩咐规规矩矩的叫人，绝对机械性的叫人——“伯伯”“妈妈”。我有时看孩子们哭丧着脸听话叫人的时候，真觉得难受！所以叫人是孩子聪明乖的唯一标准。因为要强制孩子听大人话（孩子最不愿意听大人话!）大人们有时就得用种种谎骗恫吓的方法。多少在成人后作伪与懦怯的品性是“别哭，老虎来了”“别嚷，老太太来了”“不许吃，吃了要长疮的”一类话给养成的，孩子一定得胆小怕事，这又是中国父母的得意文章。“我们的阿大真不好，胆子大极了”，或是“你们的宝宝多好，他一个人走路都不敢的”。我记得我小的时候，家里人常拿鬼来吓我，结果我胆小极了，从来不敢一个人进屋子或是单身睡一个床——说来太可笑，你们不信，我到结亲以前还是常常同妈妈睡一床的！这怕黑暗怕鬼的影响到如今还有痕迹。我那时候实在胆子并不小，什么事有机会都想试试，后来他们发明了一个特别的恐吓，骗我说我不是我妈生的，是“网船”（即渔船）上抱来的，每天头上包着蓝布走进天井来问要虾不要的那个渔婆就是我的亲娘，每回我闹凶了，胆子“太大了”，他们就说：“再闹叫你网船上的娘来抱回去。”那灵极了，一说我就瘪，再也不敢强了。这也是极坏的影响。我的孩子因为在老家里生长，他们还是如法炮

制，每回我一回家，就奖励他走路上山，甚至爬石头，他也是顶喜欢的，有一次我带他在山上住，天天爬山，乐得很，隔一天他回家了，碰巧有点发热，家里人又有了机会来破坏爸爸的威信了："你看都是你爸，领你到山上去乱跑，着了凉发热，下回再不要听他了！"当然他再也不听信爸爸了！

但是孩子们的习惯，赶早想法转移，也是很容易的事。就我的孩子说，因为生长在老式家庭里的缘故，所有已经将次养成的习惯多半是我们认为不对的，我们认为应分训练的习惯却一点不顾着，这由于：（一）"好孩子"观念的错误；（二）拘执成法，再没有比我的父母再爱孙儿的，他病了我母亲整天整晚地抱着，有几次在夏天发热简直是一个火炉，晚上我母亲同他睡，在冬天常常通宵握住他的冷脚给窝暖；但爱是一件事，得法不得法又是一件事。这回好了，他自己的妈（张幼仪①女士，不久来京，想专办蒙养教育）从德国研究蒙养教育毕业回来了。孩子一归她管，不到两个月工夫，整个儿变化了，至少在看得见的习惯上。他本来晚上上床早上起身没有定时的，现在 10 点钟一定睡，早上也一定时候起，听说每晚到了 10 点钟他自己觉得大人不理他了，他就看一看钟，站起来说，明天会自己去睡了。本来他晚上睡不但不换睡衣，有时天凉连棉袄都穿了睡的，现在自己每晚穿衣换衣，早上穿衣起身再也不叫旁人帮忙。本来最不愿意念书写字，现在到了一定时候，就会自动写字念书，本来走一点路就叫肚疼或腿酸的，现在长路散步成了习惯。洗澡什么当然也看做当然了。最好是他现在也学会了认真刷牙（他在德国死的弟弟 2 岁起就自己刷牙了），舀水满脸洗，洗过用干布擦，一点也不含糊了！在知识上也一样的有进步，原先在他念书写字因为上面含有强迫性质看做一种苦恼，现在得了相当的引诱与指导，自动的兴趣也慢慢地来了。这种地方虽则小，却未始不是想认真做父母的一个启示。不要怪你们孩子性情强不好，或是愁他们身子不好，实际只要你们肯费一点心思，花一点工夫，认清了孩子本能的倾向，治水似的耐心地去疏导它，原来不好的地方很容易变好，性情、身体，都可以立刻见效的。"性相近，习相远"，这话是真理；我们或许有一天可以进一步

① 张幼仪，徐志摩的前妻。写此文时，他们已离婚。

相信“人之初，性本善”哪！没有工作比创造的工作更愉快更伟大的；做父母的都有一个创作的机会，把你们的孩子养成一个健康、活泼、灵敏、慈爱的成人，替社会造一个有用的人才，替自然完成一个有意识的工作，同时也增你们自己的光，添你们的欢喜——这机会还不够大吗?看看现代的成人，为什么都是这懒，这脏（尤其在品格与思想上），这蠢，这丑，这破烂；看看现代的青年，为什么这弱，这忌心重，这多愁多悲哀，这种种的不健康多半是做爹娘的当初不曾尽他们应尽的责任，一半是愚暗，一半是懒怠，结果对不起社会，对不起孩子们自身，自己也没有好处，这真是何苦来！

现在卢梭[①]先生给了我们一部关于养成品格问题极光亮的书，综合近代理论与实施所得的有价值的研究与结论，明白的父母们看了可以更增育儿的兴味，在寻求知识中的父母们看了更有莫大的利益；相信我，这部书是一个不灭的亮灯，谁家能利用的就不愁再遭黑暗的悲惨了！但我说了这半天，本题还是没有讲到，时候已经不早了，只好再等下回了。

---

① 卢梭，即罗素。

培养孩子的好习惯，先从家庭教育入手[①]

陆士桢

好习惯是在人神经系统中所存放的道德资本，这个道德资本会不断地增长，而人在整个一生中就享受着它的利息。坏习惯是道德上无法偿清的债务，这种债务能以不断增长的利息折磨人，使他最好的创举失败，并把他引到道德破产的地步。

近代英国教育家洛克在其《教育漫话》中说道："儿童不是用规则教育就可以教育好的，规则总是被他们忘掉。你觉得他们有什么必须做的事，你便应该利用一切时机，给他们一种不可缺少的练习，使它们在他们身上固定下来。这就使他们养成了一种习惯，而且这种习惯一旦养成以后，便不用借助记忆，会很容易地、很自然地发生作用。"

当今社会生存发展竞争日益加剧，如何让孩子在未来工作生活中脱颖而出显得尤为重要。而奠定孩子一生基础的就是好习惯的培养，所以如何教育孩子养成一个好的习惯，就成了家长们的一个热点话题，也是当前教育应当积极关注和努力解决的一个重要课题。我们都知道，孩子的习惯是在他们的生活、学习过程中逐渐形成的，但是，要培养孩子良好的习惯一定要先从家庭教育入手，尽可能在家庭中树立起孩子良好习惯的意识。

① 选自《陆士桢给家长们的100条建议》，陆士桢著，京华出版社，2007年1月第1版。

孩子良好习惯的培养，并非一蹴而就，而是需要长期的训练才能养成。培养孩子的好习惯，一定要讲求方法。作为家长，必须明确自己在教育孩子的过程中担当的角色，必须明确应该在什么时候用什么方法培养孩子什么样的习惯，要抓住关键时期，注重科学方法，有针对性地培养孩子的良好习惯。

家长通常会忽略习惯的作用，常常爱“教育”孩子说：“你得有规则意识，要懂得礼让别人。”事实上，这些所谓的“教育”并没有收到相应的效果。对很多孩子来说，在他的成长过程中，会遇到很多事情需要他自己来处理，而处理的方式往往是由他的习惯所决定的。习惯会决定孩子的行为，也会决定孩子的选择。

比如，有一些孩子，考试总是会出点小错误，这点小错误来源于什么呢？很大程度上是来源于马虎的坏习惯。因为孩子平时没有养成一种仔细认真地学习、做作业的习惯，才导致考试的时候因为马虎而失利。还有的孩子有拖拉的坏习惯，一做作业就会做到半夜。这些孩子的习惯就是一边写一边却不知道自己在想什么。吃饭也是一样，一边吃一边玩，总也吃不完。有的家长会给孩子讲道理说：“你吃饭要快，做作业要认真。”其实，这些都不管用。因为孩子已经养成了一种习惯，遇到特定的情况，他就会条件反射般地去做。所以我们说，不良习惯直接影响到孩子的发展。

我在德国遇到过一件很有意思的事情。有一次，我们在路上看到一个人带着一条狗过马路，那个人穿过了马路，而那条狗稍微慢了一点，于是就没有尾随他过去，主人已经到了马路对面，可它只是看着马路对面的主人，仍然站在路的这边。我们一抬头，原来是红灯亮了，那条狗就等在路边一直到绿灯亮了才过马路。这说明，它显然具备了一种能力，就是它会看红绿灯，其实，最主要的是它有条件反射，一看到红灯它就停下了。从一定意义上来说，那条狗在看红绿灯的过程中并没有特别多地思考，而是一种习惯的驱使。

其实，过马路遵守交通规则、走人行横道是一种规则、一种道德。对此，我们可以看成是一种习惯，也要养成遵规守则的习惯。如果没有这种习惯，一个人甚至有可能为此付出生命的代价。而坏习惯有可能让一个人失去朋友，甚至失去和睦的家庭生活。还有一些坏习惯，可能会让一个人失去一切。俄国著名的教育家乌申斯基给出了恰到好处的评述，他说："好习惯是在人神经系统中所存放的道德资本，这个道德资本会不断地增长，而人在整个一生中就享受着它的利息。"而"坏习惯是道德上无法偿清的债务，这种债务能以不断增长的利息折磨人，使他最好的创举失败，并把他引到道德破产的地步"。

好习惯可以让孩子受益一生，好习惯会影响孩子的生活方式和个人成长的道路。好习惯对孩子极为重要，会成为孩子一生成功的导师，所以从某种意义上说，"好习惯是人生最重要的指导"。我国著名教育家叶圣陶先生曾说："什么是教育？简单一句话，就是养成良好的习惯。"因此，作为父母，一定要在孩子的习惯培养上下大工夫。

其实，所谓养成习惯就是不断地强化一种行为，直到它从陌生变成一种定式。就像节约的习惯，水龙头滴滴答答在流水，我们从那儿走过立刻就把它关上了，这个动作并没有经过一系列的思想活动："水浪费了国家要受损失，我也不划算，一定要节约。"而是很自然地去做了，这就是习惯，所以我们要有意识地去培养孩子养成好的习惯。

以下是培养孩子良好习惯父母应注意的 4 个细节：

（1）父母要发挥好榜样作用。父母是孩子的启蒙老师，父母的一言一行对孩子有着很强的影响。孩子的心智发育尚不成熟，模仿几乎成为了所有孩子的天性。父母应当以身作则，成为典范，不要让自己可能的坏习惯感染到孩子。

（2）了解孩子。小孩子愿意做什么、能做什么、怎样做、这样做的影响是什么，家长一定要了解。及时了解孩子的心理变化，询问孩子对各种好、坏习惯的看法。对于不良思想苗头要及时予以教育、纠正。

（3）灌输正确的行为规范要从小开始。在孩子小的时候，就要告诉他什么是好习惯、什么是坏习惯，使孩子头脑中对"习惯"有明确的辨析。当孩子做错时，要及时帮助其改正，不可放任不管，以免形成坏习惯。

（4）与孩子一起制定家庭行为规范。用条文的形式列出好习惯与坏习惯，全家都严格遵守这一规范，父母与孩子互相监督，并设立奖惩制度，以督促孩子养成好习惯。

鼓励和教育学生养成良好的劳动习惯[①]

朱永新

理想的劳技教育，应该鼓励和教育学生从学会自我服务入手，积极参加各种有益的社会劳动实践活动，养成良好的劳动习惯。

我国著名的教育家叶圣陶先生特别推崇习惯养成教育。他提出，“教育”这个词儿，往精深的方面说，一些专家可以写成巨大的著作，可是就粗浅方面说，“养成好习惯”一句话也就说明了它的含义。劳技教育也不例外，培养学生良好的劳动习惯不仅是发展学生劳技的重要途径，也是劳技教育的重要目标。

劳动习惯的养成需要长时间的积累，劳动习惯的培养可以从两个方面进行。一是让学生学会自我服务。苏霍姆林斯基认为，自我服务是最简单的一种日常劳动，劳动教育一般都从自我服务开始，而且不管每个人从事何种生产劳动，自我服务都将成为他的义务和习惯。自我服务，是培养人遵守纪律，培养人对别人的义务感的重要手段。从小就自己动手来满足一些个人需要，能使一个人养成尊重父母、兄弟姐妹和同学的劳动的习惯。自我服务能使劳动变为人人都负担的平等的普遍义务。只有当一个人从童年起就养成厌恶肮脏邋遢的自然习惯时，只有当这种习惯变为看待周围环境的、带有情感的审美观时，才有可能产生自我服务的自觉态度。

① 选自《走进最理想的教育》，朱永新著，漓江出版社，2007年9月第1版。

由于现在的学生大多是独生子女，很容易在长辈的宠爱下养成衣来伸手、饭来张口的习惯，因此，在当今强化学生自我服务的劳动教育有重要的现实意义。每年大学新生入学报到时，几乎每个学生的周围总有几个“陪同人员”跟着，替他张罗一切。离开了家长，很多学生感到无法适应。个别学生由于各方面长期依赖父母，一旦没有父母的照料，甚至难以生存，最后不得不退学或者让父母搬到学校照顾自己。这样的事例已不是什么稀罕的事了。而学生将换下来的脏衣服定期寄给父母洗的事更是屡见不鲜。要改变目前绝大多数学生不爱劳动、不会劳动的现状，家长和教师必须从培养学生良好的劳动习惯做起。

“如果父亲没有教给儿子谋生的手段，那等于教他成为一个贼。”这是犹太民族倡导和帮助孩子自立的永恒教义，这又何尝不给我们的教育以深深的启迪呢？对于每一位深爱自己孩子或学生的父母与教师来说，应该学会让孩子和学生自己的事情自己做，要学会放手让孩子和学生承担必要的劳作。从某种意义上可以说，剥夺了孩子和学生的劳动权利就等于使他们丧失了成长的机会。而放手让孩子和学生适当地参加劳动实践，使他们具有最起码的生活自理能力，在劳动中学会尊重他人、理解他人，培养良好的劳动习惯，将使他们终身受益。

社会公益性劳动是培养学生劳动习惯的另一个重要方面。苏霍姆林斯基曾说过：“我们力求做到，让那种要为社会带来利益的愿望激励孩子去劳动。所以我们让孩了们首先去做能创造全民财富的事（如提高土壤肥力，栽培护田林、葡萄园、果园，参加经济和文化生活设施的建设，筑路等）。为了社会、为了未来的这种劳动，便成为陶冶孩子们的学校。凡在童年和少年时期就非常关心社会利益的孩子，都会养成一种义务感和荣誉感。每遇到有关社会财物的事情时，他的良心都不会使他无动于衷。”

社会公益性劳动是一种不计报酬地为他人服务的活动。在这种劳动中，学生以社会和他人的需要为中心，更多地考虑了社会和他人的利益，从而有助于增强学生的社会责任感，真正理解“人人为我，我为人人”思想的精神实质，认清劳动对于社会的作用和意义，激励自己自觉地养成勤于劳动的习惯。

第五篇

行为篇

要让孩子养成一种良好的行为习惯，教育者要身体力行，并让孩子明白为什么这么做，使孩子从心理上认同这种做法。当下一次面对同样的事情时，孩子就会自觉地按照家长和教师的方式去做。在这种潜移默化的影响下，养成教育就由“要孩子做”变为“孩子要做”。对孩子严格的训练和长时间的督促，是教育者不可缺少的。

培养孩子良好的行为习惯，要求把素质教育的客观要求转化为孩子的自觉需要。在这个过程中，家长和教师要有耐心，有信心，有恒心，把可以利用的教育资源充分地利用起来，真正抓出实效。

对于行为习惯培养教育，大师们有着深入的思考。请听蒙田为我们讲述“论习惯——一个不易改变的成规”，查斯特·菲尔德为我们讲述“养成谈吐优雅和举止文雅的习惯”，余心言为我们讲述“重视良好行为习惯的养成教育”，等等。

◎〔法〕蒙　田　　论习惯

——一个不易改变的成规

◎〔意〕蒙台梭利　　打磨孩子成为“钻石”

◎〔英〕夏洛特·梅森　　把习惯运用于身体训练之中

◎〔英〕查斯特·菲尔德　　养成谈吐优雅和举止文雅的习惯

◎〔英〕约翰·洛克　　练习和习惯

◎霍懋征　　不会坐的孩子

◎余心言　　重视良好行为习惯的养成教育

◎卫亚莉　　行为塑造须从细微之处入手

论习惯[1]
——一个不易改变的成规

〔法〕蒙　田

在我看来，首先虚构下面这个故事的人，一定深知习惯的威力。故事说，一个村妇，在她的牛崽出生时，喜欢给它爱抚和拥抱，以后不断重复，形成了习惯，甚至到牛长大后，村妇仍然去搂抱它。习惯是一个严厉而又不可靠的女教师。在一点一滴的潜移默化中，她使我们接受了她的基本观点和权威。随着时间的缓慢推移，这些观点、行为也在我们的头脑和行为中扎根落户。这时，她狂暴的面孔毕露，并时常表现出不可抗拒性，使我们不敢正视。我们看到她随处对自然规律施加压力。“习惯是世上最有效的老师。”（普林尼）

为此，我赞同柏拉图的屈从观点，也相信那些经常放弃自己的学术推理，而去依靠习惯势力的学者们。我不会忘记那个把自己的胃锻炼得适应以毒品为食的部落首领和阿尔伯图斯报道过的那个习惯于以蜘蛛为食的姑娘。人们发现，新印度群岛上住着许多民族，他们生活在各种气候中，以蜘蛛为食，并饲养和储备蜘蛛。同样，他们还饲养蚱蜢、蚂蚁、蜥蜴和蝙蝠。在粮食紧张时，一只蟾蜍可卖六克朗。他们烹熟这些昆虫，用各种作料调剂，以备食用。在另一个民族看来，我们的食物是害人的毒品。“习惯的力量是巨大的，猎人惯于夜宿雪地，习于高山耐暑；被打倒的拳击运动员不吭不叫，等等。”（西塞罗）

想想日常的经验，我们就不感到这些是奇闻了。习惯可以使我们的

① 选自《中世纪教育文选》，〔法〕蒙田著，吴元训选编，栗保滨译，人民教育出版社，2005年1月第2版。

感觉失灵。不必去证实，我们就能相信哲学家们所说的一个现象，即一种实心球在滚动中相互碰撞摩擦，产生一种惊人的和谐声音，哲学家称之为神球的音乐。它的旋律可以调节舞星们的舞步和舞姿。这种音响对居住在尼罗河大瀑布旁的人们不可能不无影响。但是，这些人同埃及人一样，对自然界发出的巨大而又连续不断的声音，却无烦感，夜晚照常入睡。对于铁匠、银匠和戴盔甲的士兵来说，他们对铁器相碰擦的声音的厌烦感就不会同我们的一样强烈。

我穿上洒过香水的马甲，鼻子很舒服，但是 3 天过后，自己就什么也闻不到了，只是别人闻着很香。更使人费解的是，即使一种事物重复发生的时间间隔很长，习惯仍然可以把它们连续起来，在我们的感觉中留下有效的印象。我家住在一个钟楼附近。大钟每天早晚都发出万福玛利亚的声音。钟声干扰了附近的人们。初期，对此我也不可忍耐，过了一段时间后，就习以为常，入睡后也不会被吵醒了。

一次，柏拉图责怪一个玩大榛子的小孩，小孩反唇怨柏拉图尽管些小事。柏拉图认真地说：“习惯可不是小事。”

我发现巨大的恶习萌发于幼年时期，所以最重要的教育掌握在保姆手中。有的母亲视小孩用手卡鸡脖子、打狗和猫为消遣。还有的父亲更愚蠢，竟容忍孩子无故打双亲和仆人，还认为这是军人精神的表现。他们还把孩子用欺骗手段哄骗小伙伴的行为，视为讨人喜欢的恶作剧。殊不知，如此这般正是残酷、暴虐和背信弃义等恶习真正的种子和根源。他们由此发芽、成长，最后形成习惯，不可改变。以儿童年龄幼小和小事小非不值得一提为理由，原谅我们幼小儿童的不良倾向，是极其危险的教育政策。首先，抽象的说教是非常无力的。第二，欺骗的恶习，不在于几个先令和饰针之间的区别，而在其本身。我觉得下面这个结论是非常正确的：“既然他为了小饰针而欺骗，为什么不为先令而欺骗呢?”然而，正如他们用实际行动所回答的，“欺骗仅仅是为了饰针，而不是为了先令”。从小就要教育儿童厌恶恶习，让他们认识恶习的丑恶本质，使其不仅在行动上，更主要是在思想上厌恶恶习和避免恶习。从此，他们能在思想上识别恶习，不论其面具如何。

我深知道，在童年要永远走自己的正直道路。我在儿时反对欺骗行为的游戏中受到了锻炼。在此必须指出，儿童的游戏并非仅仅是游戏，儿童像判断严肃的行为一样来判断游戏中的活动。反对欺骗是一种自然的倾向。我在同妻子或女儿玩牌时就是如此，无论输赢从不作假，不偷看。别人对我很放心，我也不会考虑太多。

我在家里见过一个南特①来的倭人，他出生时就没有双臂，后来他习惯了以脚代替手来自理生活。实际上，他已忘记了二分之一的脚的自然功能。他雕刻，给枪上子弹，射击，穿针引线，缝纫和书写；他还可以用脚脱帽子、梳头，用脚玩牌和掷骰子。同正常人一样，干什么都运用自如。他靠这些表演获取生活费用。我给他钱以资鼓励，他用脚接钱同我们用手接钱一样。我童年时还见过另外一个人，由于没有手，就用在脖子上的钩把一把双把的剑和戟抛到空中，然后再接住。他还玩匕首，还能甩响鞭子，甩得如同法国的马车夫一样好。

你可以从习惯给我们心灵上留下的神奇的印迹中，发现它的效用，它在心灵中很少遇到抵抗。因此，习惯在我们的判断和信任中，将发挥很大作用。很多民族和有才干的人似乎都被宗教欺骗或迷惑了，因为他们受了神的宠爱和教导。这件事已超出人类理智的范围，所以对任何人都是可以原谅的。习惯不是在她看来适合做的范围内按规则来培育和形成的吗？古人的感叹是正确的：“自然哲学家，他们是自然的观察者和探索者，但他们厚颜无耻地从充满习惯的头脑中寻找真理的证据。”（西塞罗）

我认为，杂乱的幻想广泛地进入人们的想象之中，以致使它不能同公众的实践例证相比，并且，通常我们的理智没有找到支柱和基础。有的国家，当一个人向另一个人打招呼或致敬时，前者背向后者，从来不看他们所尊敬的人。有的国家，皇帝吐痰时，宫中最受宠的贵妇人就伸出手。还有的国家，该国最杰出的人要围绕在皇帝周围，当皇帝排泄以后，就用亚麻布把皇帝的排泄物从地上包好拾起来。

在这里，让我们插上一个小故事。一个法国绅士总是惯于用手抠鼻子，这与我们通常的习惯是相背的。为了防止别人说他不文明，他就责问我说，脏鼻涕有什么特权，竟需要我们准备着好的亚麻布片去包它，然后还要擦干净，细心地带着它，这样做比把鼻涕同其他排泄物一样扔在废物堆里更令人惊恐和恶心。这种原始的论辩使这位先生名声四扬。我发觉这位先生说的并非全无道理，只是习惯导致我们无法容忍这种奇

① 南特（Nantes），法国城市。

怪的行为。所以，当我们听说另一个国家有这种情况时，我们就觉得是骇人听闻了。

怪事起源于我们对自然的无知，绝非起源于自然本身。习惯蒙住了我们判断的双眼。野蛮人看我们同我们看野蛮人一样感到惊奇。假如我们仔细思考这些新例子，并且加以反思和明智的比较，那么我们就会知道这是为什么了。人类理智是个染料，它浸渍在所有的见解和方法中，有着大约相等的力量，不论形式如何，物质是无穷的，变化也是无穷的。

……

各种学问都能植入最聪明的人的头脑中，传统的习惯也能教育那些粗鲁的普通人们。我们知道，一些民族视死如归，并为此而庆贺；还有的民族的儿童，7 岁就能忍受鞭打，面不改色；也有的民族视财如鸿毛，即使捉襟见肘的市民，也不甘屈尊去捡地上的钱包。我们还了解到，很多地方的教会里食物琳琅，但是，他们的盘子里却只有面包、芹菜和水。在巧斯岛[①]，习惯不是演出了一幕奇迹吗？在过去的七百年中，没有妇女失去贞操。

总之，我认为习惯无所不能。听说平达据此把习惯称为世界的皇后。

一个打自己父亲的人说，这种做法是他们家的习惯，他的父亲打他的爷爷，他的爷爷又打他的太爷。他还说等他儿子长到他这个年龄时，也要打他。

……

以前，我们认为道德的法规产生于自然，实际上它产生于习惯。一个思想上接受了周围环境中被尊敬的、赞成的见解和行为的人，会心甘情愿地按其行事，并不轻意摆脱它们。

在过去的时间里，克里特岛[②]的人想要降祸于谁时，就祈祷上帝引诱他到坏习惯中去。

习惯的力量可以诱惑和左右我们，使我们对摆脱它无能为力，也不可能自主地反省思索这种风俗习惯。事实上，因为从降生起，我们就在

① 巧斯岛（Chios），爱琴海中一岛，古希腊工商业和文化发达的港口。

② 克里特岛（Cretans），古希腊时的一个地名。

吸吮奶汁之同时，吸吮着风俗习惯。客观世界在这方面给我们的第一个印象就是如此。好像我们就是随着这些条件和过程而产生的。我们丝毫不怀疑周围环境中的一切观念，以及长辈们传给我们的精神。认为它们是天经地义的。谁脱离了习惯，人们就认为他失去了理智，上帝在多数情况下，知道怎样是无理智的。

我们要学会研究自己。一个人听到正确的话时，立刻就会考虑它也适合自己。一个人听到批评自己愚蠢的话时，立刻就会认为不是好话。当人们接受了真理的劝告和教训时，却又认为这些劝告和教训好像是针对普通大众的，与自己无关。而且，人们不是把这些劝告和教训体现在行动上，却只是保存在记忆里。这真是既愚蠢又没用。让我们还是信奉习惯的权威吧。

一些自由和自我管理的民族认为，任何形式的统治都是违反自然的。那些习惯于君主制度的人也这样认为。无论是好运给他们机会容易地改变了自己的情况，还是费尽周折和百难才脱离了一个主人，但是他们又会被一个新主人管制住，困难还是一样多。因为他们没有从思想上仇恨统治现象本身。

大流士问一些希腊人，他们能否接受印第安人吃自己长辈的尸体的习惯呢（这是印第安人的葬礼方式，他们认为对长辈的葬礼没有比吃掉他的尸体更好的方式了）？希腊人回答说，天下少有。但是，当他们试图劝说印第安人放弃食用长辈尸体，仿效希腊人用火葬的方式时，这就对印第安人是个很大的恐吓。每一个人都是按照其自己的方式去做的，因为习惯左右着我们对事物的看法。

有一次，我们要证明一个习惯，这个习惯在我们周围远近四方都很有威望。为了树立它，这次不按通常的办法，而用法规和榜样的力量。但结果，我发现它的基础非常软弱，几乎使我厌恶。对这个习惯，我原来还打算证明给别人看呢。

这就是柏拉图为清除当时不自然的爱所使用的方法。他认为最好的和最基本的方法是：理智，用公众舆论谴责他们，诗人们和其他任何人也讲他们的丑恶故事。多亏了这一方法，许多很漂亮的女儿们不再成为其亲生父亲的色情对象，许多仪表堂堂的男子，也不会再吸引其姐妹们

的青睐了。司伊斯特士①、奥狄普斯②和买卡勒斯③的寓言通过愉快的歌声，把有用的信仰注入儿童的幼弱头脑里。

实际上，贞洁是很好的美德，它的效用是尽人皆知的。但是，按自然法则来看待和判断它是很难的，按习惯、法律和箴言来判断是很容易的。首要的和普通的理由是很难彻底查清的，学者们既不敢轻意忽视它们，也根本不敢触动它们。它们总是迅速地钻到习惯的保护伞下，在那里它们趾高气扬，享受廉价的胜利喜悦。那些不准备从原始状态中解脱出来的人犯的错误更大，把自己紧锁在野蛮观念中。就像克里西普斯一样，他在很多地方散布无视群体乱伦性质的作品。

当你要摆脱习惯的巨大偏见时，你会发现，自己是毫不自觉地接受了许多观点和事物。它是伴随着错误习惯形成的。但是，一旦揭去假面具后，他就会实事求是地看待事物，就会感到其原来的判断完全颠倒了，应该恢复其正确的状态。例如，我要问他，有什么事比迫使自己去服从自己不理解的法律更奇怪的呢？有什么比人们的日常事务如结婚、送礼、买卖往来等还要受那些既不理解和没有在口头上公布，又没有解释其用途和没有形成书面文字的法律的控制更令人费解的呢？苏格拉底提出自己坦率的见解，他劝皇帝对臣民的贸易不要统治得太死。要使贸易自由、无偿、有利，对臣民的争论、吵架和麻烦，则要罚以重款。但是皇帝没有采纳他的建议，而是根据荒谬的想法，把理智用于市场，把法律看成是商品。很幸运，我们的历史学家说，有位加斯科尼④的先生，他第一个起来反对查理曼⑤，后者想要赐给我们拉丁语和帝国法。

没有什么比下面这些事物更野蛮的了。一些民族由于法定的习惯，人们把自己审判的权力给出卖了，如果你要审判，就要事先交纳费用。有的地方，在法律诉讼中，胜负的依据是看你是否能支付足够的费用。不支付足够的费用就得不到正义。这种买卖的利润是很大的。从民众诉

---

① 司伊斯特士（Thyestes），希腊神话中此人与其弟妹 Atrens 通奸，遭怨恨，食间，后者杀前者儿子供餐，前者不知食之，故有吃人肉的人之意。

② 奥狄普斯（Oedipus），希腊神话悲剧中的有名英雄。

③ 买卡勒斯（Macareus），古代神话中的风神。

④ 加斯科尼（Gascon），法国一城市。

⑤ 查理曼（Charlemagne，742—814），罗马帝国之后，西欧强国法兰克王国加洛林王朝时代的皇帝，768 年继王位，征战一生，国势强盛。

讼中所获得的利益可以供养四分之一的政府官员，还可以补助三个集团：教会、贵族和平民的费用。主管法律和控制人们生活、财产的集团，已形成一个贵族阶层（事实上有两种法律：荣誉的法律和正义的法律。许多情况下这二者是矛盾的，前者严厉谴责人们容忍别人的谎言，后者又谴责报仇）。按照权力法典，一个人如果忍受侮辱，就会降低其荣誉和贵族身份；按民事法典，对报复侮辱自己的人要科以重罚。有什么比这更野蛮的呢？谁要求法律保护自己的荣誉，谁就使自己丢脸；而不这样做的人，又要受法律的惩罚。两个互为相反的观点，却结合在一个事物中。一方主张和平，一方要求战争；一个争取利益，一个追求名誉；一个探求知识，一个修养美德；一个力求说教，一个倡导行动；一个坚持正义，一个偏爱勇猛；一个以理服人，一个以暴力取胜；一个宣扬穿长袍，一个建议着短褂。

关于普通的东西，如衣服等，如果谁想恢复其真正的目的，要使其为人体服务和使人舒服，就要看它是否美观与合身。在其他的例子中，我将向他指出，我认为奇怪的事是可以想象出的。如我们的方形帽、妇女们头上五颜六色的装饰品，以及悬挂在后面的长长的褶式天鹅绒带、一个空洞的人物典型等，我们很难说出这些东西的名称，但我们却公开地夸耀和展示。

无论如何，这种思考不能阻止一个人从通常事物的式样中去认识。正相反，在我看来，稀奇古怪的式样都来自于愚蠢和野心的假想，而不会出自真正的理想。聪明人在思想里可以与众不同，他保持思想自由和自由判断的能力。但在外部形式上，他将全部追随已被承认的形式。我们可以不假思索地进行平常的社交活动，但是，对于行为、工作、命运和正常的生活等，我们就要按公共看法来做了。正如伟大而又明智的苏格拉底不可能抗拒地方官的命令以挽救其性命一样，即使那是个非常不正义和腐败的地方官。因为那是法律中的法律，规则中的规则，每个人都要观察他自己所处的地位，遵守国家的法律（克里斯平[①]）。

另一城邦的事实表明，改变已被承认的法律是否能获得好处是值得怀疑的。因为不管采取什么方式，都存在危害。政府好像是一个由不同部分组成的建筑物，对于该整体，你若只想动其一点而不及其余是不可

---

① 克里斯平（Crispin），罗马天主教圣徒，殉道者。

能的。瑟瑞思[①]的法律制定者们规定，谁要是想废除旧法律，建立新法律，谁就在脖子上挂好绳子，站在人民面前，只要有人不同意革新，该改革者当即就被勒死。拉斯达孟[②]中的一员，把自己全部精力花费在劝谕市民同意和不要冒犯法令上。把夫留尼斯[③]为乐器增加的那两根弦粗暴地切掉的那个人，没有考虑增加这两根弦是否使音乐更好听，和弦更丰富，而他只谴责说，加入的两根弦破坏了旧的形式。这就是马塞的生锈的正义之剑的意思。

我厌恶革新，不论用什么借口或有什么理由；因为，我看到过革新带来的可怕的后果。

……

遵守一个国家的结构和法律的人与改变和控制它的人之间，在理论上存在着很大分歧。前者为无知、服从和模仿辩护，正如他们的借口一样。无论他们怎么做，都不会有怨恨，这是很不幸的。“那个不受古代清晰记载的传统限制的人是谁呢?”（西塞罗）这与苏格拉底说的不同，后者认为，采取节制之道而不是超过之，这正是其不足之处。

另一部分人则有激进的主张。谁要想改变和冲击权威判断，谁就必须清楚地把握其所要废除之物的低劣性和所要建立之物的优越性。下面这个粗浅的想法，使我坚持我的主张。我年轻时代，这个想法也使我保持冷静。这想法是：不要承担重要的认识责任。在该领域里，我不敢去作出明智的判断，就是最容易的判断也如此。尽管别人曾教导我说，迅速的判断并无害。在我看来，想要反对公共的、不可变的组织和惯例是不公平的，是不稳定的幻想（个人只有自我裁判权）。企图反对神谕法律和国家的法律，是任何政府都无法忍耐的。尽管人们在采取行动时，具有相当的理由，但是最后人们还是按照传统的判断来判断，人们的最大能力还是用来论述和发展传统，而不是推翻和革新传统。

……

要阻止暴力革新，就要承担危险的法律责任，而妨碍你自我克制和守规。要在一切事物上和一切地方反对那些自由者，对他们来说，只要

---

① 瑟瑞思（Thurians），罗马战争中一次战斗的地名。

② 拉斯达孟（Lacedaemon），即古斯巴达。

③ 夫留尼斯（Phrynis），希腊悲剧诗人。

能推进他们的计划，一切都是可行的。他们不要法律，不要命令，只是追求他们自己的利益。

一个国家的普通法律，是正常情况下的纪律，不适用于特殊事件；它预先假定一个团体，对其主要部分、功能和习惯有一致的看法，并服从它。守法的步态是冷酷的、深思熟虑的和强迫的，而不是无纪律和不受约束的。

奥克塔维亚和加图是两个著名人物。在国内战争中，前者与苏拉①为伍，后者与恺撒同伴。二人被指责使国家至于绝境。我们宁愿用法律解决问题，而不用战争分出胜负。实质上，在这样坚持下去也难以得到任何结果的情况下，低低头和让让步是更聪明的做法，比相互争斗导致践踏一切的做法好得多。既然人们不能想做什么就做什么，那么制定法律，规定他们应该做什么的方法是比较好的。那个命令停止法律二十四小时的人，就是这样做的。那个出于某种原因把日历中的某一天改动的人也是这样做的，那个把六月改成五月的人还是这样做的。拉斯达孟人就是自己国家法令的遵守者。他们受到法律的约束，不允许选举一个人两任海军上将。但是，人们需要来山得②连任该职。他们就选阿拉克③当海军上将，让来山德任海军最高指挥官。出于同样的情况，他们派到雅典去收集有关法律变化之材料的一个大使，听伯里克利④跟他说干脆把禁止变动刻着法律条文的石碑推倒，因为并不禁止推倒它。普卢塔赫是这样赞扬菲洛普⑤人的：他们天生就是发号施令的，不但知道如何按照法律去发号施令，当公众需要时，还知道怎样主宰法律本身。

---

① 苏拉（Sulla，公元前133—前78），罗马将军。

② 来山得（Lysander），公元前395年死，斯巴达将军，提督。

③ 阿拉克（Aracus），古代罗马的一个战斗英雄，常用神的名誉来教育战士。

④ 伯里克利（Pericles），公元前5世纪时雅典最伟大的政治家、将军及演说家。

⑤ 菲洛普（Philope），活动于6世纪的希腊基督教哲学家和文学家。

打磨孩子成为“钻石”①

［意］蒙台梭利

要让你的孩子懂得如何控制说话的语调；要让孩子自觉自愿地使用礼貌用语；孩子们有权力知道进餐中社会公认的优雅习俗……

我不知道你是怎样，既然我们已经历了那么多的困难艰辛，我已经准备好了要休息一下，尽量地享受生活中的一些美好事物。当你的孩子正逐渐成熟，他会从你身上得到很多教育，但是这里，我只是想就你能从这些处于敏感年龄的孩子身上发现的基本特性提出一些看法，你愿意与我分享吗？

一、优雅习惯的培养

孩子们很少会不需要家长提醒他们降低说话的声音，尤其是他们激动的时候，试着不要去喊：“轻点儿！”这只会起到反作用，一种有效而惯用的说话是：“那是你外在的声音，请用你内心的声音说话。”

一般来说，一个在家会在你身边喊到“你发疯”的孩子一到了公共场合就变成了一只胆小的老鼠。这个时候，要用同样平和的语调告诉他：“我没办法听见你说话！”

发出哀鸣似的呜呜声，是学龄前孩子们自然而然甚至是很急切地从同伴那儿学到的习惯。一个我认识的妈妈把这种声音当做是风声。

---

① 选自《孩子是问路的客人》，〔意〕蒙台梭利著，杨立编辑，河南大学出版社，2003年4月第1版。

或许你觉得这两种办法都不会令你满意。那么就说："你这样讲话我听不到呀！"当你的孩子没有发出呜呜声时，夸奖说："我喜欢这样正常说话的声音。"

尖叫是另一种类型，有些孩子在受到阻碍时就发出尖叫声。一个两岁的孩子在一些情急之时会什么都不说，一个大一点的孩子，就会装哭，还有的发出尖叫声。这里有两种对待的办法："你尖叫时，我会说'不'，请你找个好点儿的办法来要你想要的东西。""如果你尖叫我就没法帮助你，试着把问题讲出来。"

二、礼貌用语的灌输

(1)"请"和"谢谢"

要让孩子自觉地用这些礼貌用语，可能要经过至少五到六年的时间，但你必须坚持，直到小孩子会用为止。

你的孩子越是经常听到"请"和"谢谢"，越是有可能在长大时使用它们，所以请家长们在家时，经常用这些句子。

在他两岁时，试着提醒他"我没有听见你说'请'，你忘记跟奶奶说'谢谢'了"，等等。当他用到礼貌用语时，要及时表扬。

对于爱运动的孩子，到两岁半就要试着用"什么是有魔力的字"来引导他们，而对于三岁大的孩子，就要全面进行这方面的教育了。不到你听到"请"字，就不能满足他们的要求，如果你发现自己对别人小孩说"什么是有魔力的字啊"，那么，你已经开始在无意识地引导他了。教育是应该有意识地积极主动地进行的。

确保你在日常生活中，以身作则地运用"请""谢谢"等文明礼貌用语，同时确保无论何时何地，你的孩子与人家交谈时，运用"请"和"谢谢"。例如在商店或在街上孩子小声地说"谢谢"时，你还需要加上一句："很难听见你所讲的，请讲清楚一些好吗？"

(2) 对不起与道歉

当我们侵犯别人时需要"抱歉"。

"对不起"也是一个很有用的用语，使你能优雅地处理生活中的

事件。

孩子们经常推崇这一用语，虽然很多孩子可能需要你轻微地提醒他两件事：响亮地重复“对不起”是有必要的。

（3）咒骂

我曾经与其他类似的问题打过交道，这个问题使我笑不出来。在你的小孩周围注意你的语言，从孩子口中说出“该死的我”或“他妈的”之类的话，这些话多少带着点攻击性和冒犯。一旦你听到诸如此类的话或更过激的言语，你应该指出好孩子不会这样说话，但如果你反应过于强烈，你可能会发现你的孩子说出更“脏”的话来反抗你。

三、在餐桌上

我们中的一些人在吃上大费周折。用蜡烛把餐桌擦得亮亮的，用水晶、银器、亚麻布来装饰。同样，有些人认为把比萨从盒子里拿出来会花很长的时间。

你的孩子将会学习适合你家庭的方式。然而，孩子们有权利知道有两种不同的行为——粗俗的和优雅的，而社会公认的优雅习俗从而使他们能在全世界通行无阻。

（1）张嘴嚼食

“在你吃东西时，请闭上后再嚼东西。”是需要经常提醒的，五分钟间隔地把话重复一下。

确保你嚼食东西的时候闭着嘴。如果你的孩子还在跟你讲话，而此时他吐着痰或淌着口水的话，先不要提醒他。但在你回答完他后，最好告诉他如果他不在嘴里塞满东西说话，你会听得更清楚。

（2）餐巾

很多小孩会拿任何手头上的布，来擦脸和手。大多数时候，他们会擦在自己的衣服上，甚至他们经常会把小脏手伸向你的衣服。然而，“请用你的餐巾”之类母亲叮嘱的话，如果能被重复上多次，那他们在大学里约会的晚餐上，他们会赢得更多的好感。

四、女士与绅士的个人习惯

（1）抠鼻屎

很多孩子发现他们的鼻孔是个放手指的好地方，根据育儿院的情况介绍，不少孩子把鼻屎吃到嘴巴里。

对于那些听从教诲的孩子，轻轻把他们的小手从鼻子里移开会起作用。但对于大多数有自然习惯的，或受无形影响很强烈的孩子来说，在他们刚开始抠鼻屎时，如果他们受到制约反而会产生负面效果——导致他们更想去做。当他们的妈妈对此大动干戈或者大声尖叫、拍打她两岁小孩的手掌时，或者大声嘲笑孩子时，这种习惯只会被激励。

大多数两岁的小孩需要温柔的劝导。如果一个温和的将小手移开的举动不起作用，你就试着忽略它。如果这种情况持续超过一个星期，告诉他："我将给你纸巾"并让他们随身带着。

如果这种习惯仍顽固不化，试着说："这是我们不在大庭广众下做的事之一，如果你想抠鼻屎，告诉我，我会带你到洗手间里去。"经常把孩子带到洗手间里去，以至于他们错过了很多很多有趣的情节和场面，这时，他们大多会发现抠鼻屎很不值。

形成了习惯的学龄前儿童有些难对付。

五、"亲爱的，请别打断妈妈打电话"

（1）如何让孩子不打断你的电话

"周末之猫"法：轻手轻脚地走进小储藏室，小声地说话，这样你的孩子就不会知道你在打电话了。

说俏皮话的方法："我脑袋旁边贴着的这个塑料玩意儿对你究竟有什么意义呢？"

有一位母亲建议：你在每天打电话的一个小时里，捆住你的孩子，捂住他的嘴。虽然我被告知这很有效，然而它与我管教孩子的哲学不符。

为了保持和平又拥有自己的生活，我建议以下一些策略：

①你要知道你在有了孩子之后就不能有和以前一样多的打电话时间了。

②别在你的孩子特别需要你的时间打长时间的电话。

③当孩子开始自己打电话时，比如说打给他的外婆，别在一边打断他或告诉他应该说什么。一个很小的孩子会在打电话时被人告知：“大声点，外婆耳朵不好。”或者“你应该说‘你好’，不然外婆怎会知道你在对她讲话呢？”然而，任何关于“怎样使用电话”的提醒都会造成打断他的思路的因素。所以，你要知道妈妈有什么样的需要，孩子也会有同样的需要。

④当你的孩子到了3岁左右时，你就可以有机会——虽然这样的机会并不多——不被干扰打电话了。如果你控制通话时间，那么当你向孩子解释这个电话很重要，不能被打扰时，你就能得到孩子的理解。通话前先问他，在接下来的5分钟里想做些什么，要确认你已提供给他需要的一切，这种技巧对于能在一段时间内集中注意力的孩子来说比较奏效。当然，你不能成天都打电话。

⑤当你那个5岁的小孩频繁地打断你的通话时，一个对付他的好办法就是：打个电话以询问一些你孩子感兴趣的信息。当他打断你时，你可以对他说：“我让你不要插话，是因为你一插话，我就没办法听清楚关于我们去看电影（或滑冰）的信息了。”这样他会听你的话的。

⑥手机是一把双刃剑。一方面你可以一边用它打电话，一边给孩子准备一杯橙汁；一方面它又太吸引人了，以至于使你过于频繁地使用它了。请你只在你的小孩正忙于做其他的事情，而你又确实要打电话时，再使用它。但在吃饭、洗澡或孩子最需要你的时间里，不要使用它。

（2）孩子打电话的习惯

你的孩子应该从你允许他打电话和接电话时起就及早地学会通话礼仪。每个家庭对于这类活动都应有自己的时间安排。

在3岁时，孩子应该学会在电话中介绍自己。“你好，外婆，我是安妮。”这是一种礼貌、简单的说法，大部分的小孩都采用这种说话方法。

到了4～5岁时，小孩子都喜欢打电话给他们的同伴，你应该注意他是否在别人接到电话时介绍了自己，以及他是否请别人找到他需要通话的朋友。同样要在时间上控制孩子。几分钟的时间内，孩子可以发出好几声尖叫，好几声叽叽咕咕的笑声和一些装出来的婴儿喊声，然后你可以提醒孩子："对方家长此时可能需要用电话了。"

（3）接电话

当孩子接电话时，教会他说："你好！"（他们总是认为如果你站在那里，耳朵贴着听筒，一切就会自然而然地发生。）

当然，如果来人一打电话就问："你是谁?"或"你叫什么名字?"时，告诉孩子他应该反问："你是谁?"他不应该把自己的名字先说出来，除非那个人是他爸爸和妈妈，或者他的亲朋好友。

你不需要与孩子讨论一些脾气古怪的人打电话来问孩子姓名会造成多么可怕的后果，但你一定要让孩子非常清楚地知道：不要在电话里对任何他不认识的人说出他的名字。

六、把你的裙子放下

小女孩需要被教会始终把裙子放下，哦，是的，我知道这太不公平了，我知道这太维多利亚，我也知道她们还太小，但是，还是要教她们。

不过现在我打算用这样一个词，我打赌你已经10年都没有听到过了——端庄。

"端庄"的目的是什么呢？它可以保护你的女孩，使她更安全些，使她明白选择什么人分享她的身体的美感是一件不寻常的事情。

当她把裙子撩到头上时，告诉她："在公共场合，我们不撩裙子。"然后，轻轻地帮她把裙子放下来。

如果她跷起腿，还穿着裙子，那么也要提醒她不要这样，因为这样做很不礼貌。

如果她在操场上玩得正尽兴，而此时裙子飞了起来，那么，先不要去管她，因为这个时候，她正全身心地投入玩耍之中。过后再建议她下次去操场时，还是穿短裤较为方便。

如果你直接把一条皱皱的短裤扔给她："去，穿上，让奶奶看看。"那么，你压根就没有告诉她关于穿裙子的注意事项，也就忽略了这一课。

虽然我们曾在前面谈到这个问题，但在这里，我还是想把它作为

"礼节"简短地讲一讲，因为这与教她如何以健康的心态去了解还是不一样的。

有时，学龄前儿童会自觉不自觉地把手放到裤兜里面去，在里面抓呀抓呀。有时，他们这个姿势很好，但提醒孩子，在公共场合我们不要把手放到兜里，如果你真想那样的话，可以到卫生间或回到自己的房间里去做。

把习惯运用于身体训练之中[①]

〔英〕夏洛特·梅森

（1）把习惯运用于身体训练中

我们很有必要教育孩子安分守己，首先服从父母的教导，以后再服从自己的意志。更重要的是还要让他们始终服从政府的领导。但是让自己始终笼罩在权力之下需要持之以恒的思想和意志力，而且会使得自己生活得很累。所以必须让孩子养成服从权威的习惯。对于习惯的形成我们都有所了解，比如一种反复出现的思想会在大脑组织上留下某种印记。

最初，大脑组织会使这种思想很容易再现，并将最终使这一思想自动重现。在所有体育锻炼中，把一个动作做一百次以后它就显得很容易了，如果把它做上一千次它就会变成机械运动，容易得不费吹灰之力。这一原理被大量运用于板球、划船、高尔夫、自行车以及我们喜欢做的各种运动的练习中。运动场能给孩子养成一套身体与精神合二为一的生活习惯。但如果他们在家里不能坚持实践，这种习惯就会很容易被淡化掉。所以，让孩子在家里保持这种习惯就是父母的责任了。实际上，孩子的良好教养与父母的教育是分不开的。所以必须十分重视家庭工作中的这一方面。

（2）自我约束

多数受过教育的母亲都小心翼翼地培养自己的孩子，使他们能养成习惯，约束自己的任性。由于她们的孩子受到良好的教育，所以不会出现一会儿要这个，一会儿要那个的现象。无论一天给他一块糖果还是两

① 选自《教育是一种训练》，〔英〕夏洛特·梅森著，中国发展出版社，2003年12月第1版。

块糖果，或者一块也不给，有良好教养的孩子都不会介意。而那些在村舍里长大的孩子，即便他们吃饱了穿暖了，他们仍然保持着动物本能，需要躺在炉火边烤火。但是幼儿园和教室的惯例可能会在大孩子面前失效。坐在摇椅里悠闲地摇晃着，忙里偷闲地看看小说实际上也是一种娱乐。这种习惯很容易养成，但是这是大人可以做的事情。

对孩子来说，课间不可以昏昏欲睡，也不可以放纵无度。当人们不进行娱乐的时候，他们就从事一些有益的事情。我们可能看不起祖母们留下的刺绣活儿，但是对她们来说，无论在精神上还是在身体上，有事做总比闲得无聊要好。毫无疑问，这与大量的体育锻炼之后引起的大脑疲劳和身体疲劳问题有联系。这是一个严肃的问题，它关系到是否应该频繁地进行超强度体育锻炼，以至于把我们累得疲惫不堪，无精打采。

（3） 自我克制

紧急情况下的自我克制是孩子从小就应该养成的生活习惯之一，它是平时自我克制的结果。我们都知道，只要在场的人中有一个人有良好的自我克制力，就可以有效地减少或减轻冰上意外事故、船上意外事故和火灾等。自我克制力在这里就是指组织能力和控制他人的能力。但是要养成习惯，把握自己，不受小的烦恼干扰，遇到不顺利的事情仍然保持心情平静，时刻准备用心处理各种小的意外伤害，这样的习惯从幼儿园时起就应该培养。

如果我们让孩子带着这种完美的自我保护手段走向社会，如果孩子从小就受到训练，使他们能忍受身体上和精神上的小的创伤，我们就不会再遇上性情暴躁的人，人们也不会在公共场所拥挤抢占好地方，女主人也不会由于保姆做错了事儿感到恼怒，社会生活中成千上万令人恼火的事情将得到缓和。“你感到恼火的时候不要表现出来”，这样教育孩子很安全，因为任何烦躁不安、不耐烦、怨声载道以及神经质都会在自我克制下烟消云散。但是它们会随着人的无节制的发泄而愈演愈烈。所以有必要牢记这一点——人的行为表现能刺激人的心态，人的心态也同样能刺激人的行为表现。

（4） 自律

对习惯的约束达到自律的时候才算完美。这不是一件小事——不像

幼儿园的孩子弄脏了喂饭的阿姨的衣服、碰撒了牛奶、弄坏了玩具或者做事磨磨蹭蹭。受过良好训练的孩子很乐意在这些方面培养自己的好习惯。他知道干净、整洁、利索、有条理，这对他长大成人非常重要。在他的概念中，大人和英雄是同义词。如果孩子在家里没有养成良好的习惯，家长就会盼望着学校给他补上这一课。但是孩子在学校的时候按照学校的要求去做，而回到家里就等于给孩子放了假，又恢复了原来的老习惯，这样他们就不可能真正养成良好的生活习惯。

（5）习惯因家庭而异

这家的孩子整洁、利落、勤奋，而那家的孩子可能龌龊、拖拉、懒惰。这说明即便对小孩子而言，自律也是非常重要的。“自尊、自知、自制，这三点足以把孩子引向最高权力的宝座。”

我们都非常理解为什么要培养良好习惯，所以我只需要补充一点：只要孩子还需要监督，就不能认为孩子已经养成这些习惯。最初，孩子往往需要持续的监督，但是渐渐地可以让他自己去做自己应该做的事。行为习惯、举止习惯、称呼习惯、说话的语气等，所有这些绅士风度和温文尔雅举止的养成都来自于平时自律的习惯。

（6）培养孩子的敏锐性

有很多人都后悔自己某个时候不够敏锐而丧失了生活中的机会。由于他们没能及时发现，所以错过了帮助他人或表示好意的机会。我们应该教育孩子，如果他们错过了为人办事、替人开门、帮人拿包，或给予他人任何善意的帮助这样一些机会，都是令人感到遗憾的事情。同时应该教育他们在获取知识方面也必须同样敏锐。孩子们的本性是把见到的每一个成年人都看做是获取某种知识的源泉，所以要教育他们保持渴求知识的习惯。要使他们在生活中取得的成功，在很大程度上要依赖于对他们的敏锐性的培养，使他们能抓住机会，孩子的这种养成主要体现为行为习惯。我们都知道人们如何比喻机会：它是一个瞬间即逝的影子，除非事先就抓住垂在它额头前的额毛，否则没有任何办法可以抓住它。

（7）敏锐的洞察力

与敏锐性紧密相关的是敏锐的洞察力，即对所有事情能够看得见、听得着、感觉到、品尝到，以及闻得到的迅速的洞察力。我们的世界把无穷的信息通过我们获取知识的五条通道传送给我们，格兰特先生在他

对意大利的那不勒斯人的性格的研究中描写了一位年轻的卡莫拉秘密帮会成员的训练过程（卡莫拉秘密组织是一个危险的政治组织，所以不言而喻，他们的训练目的是邪恶的，很值得记录下来）。对他训练的远大目标是教他养成习惯，从而能准确细致地观察到不易被发现的事情。此种训练的方式如下：当一名卡莫拉秘密组织成员在城市里行走的时候，他会突然停下来并对自己发问："在向回走第四条大街上的第四家门口坐着的那名妇女是怎样打扮的？"或者"在倒数第四条大街的拐角遇上的那两个人在谈论什么事情？"或者"那位乘客叫234号出租车往哪里开？"也有可能是这样的："那栋楼有多高？它的上层窗有多宽？"或者"那个人住在哪里？"这种敏锐的觉察习惯在很大程度上也是行为习惯，它在其他方面都被谈及过。现在需要督促的一切就是不应该仅仅满足于孩子先天的敏锐的观察力，因为后来，尤其是在学校的学习压力加重时，孩子早期的敏锐观察力就会消失。

（8）习惯源于人的指导思想

一个习惯有它的思想基础，而不同的思想对不同的习惯的指导作用也不同。实际上习惯和道德之间存在着不同程度的联系。我在童年时期曾经有过一本书，里面充满了道德警句。这些警句是从希腊和拉丁古典著作中摘录并翻译而来。这些名句经久不衰，寓意深远。根据我的回忆，它们对我的影响非常大。不难理解，用这种营养丰富的精神食粮喂养大的希腊孩子或者罗马孩子，他们的德育发展水平肯定远远胜过我们。与此相同，早期的教堂用上千种方式，把三种福音教美德、四种红衣主教美德和与它们相对的七种不可宽恕的罪行人格化和典型化。如果我们想让孩子养成自律习惯（实际上我们现在除了鼓励孩子这么做以外并没有其他有效的办法），我们就必须恢复这种方式的教育。

（9）坚忍不拔

只要我们给孩子一个正确的动力，孩子们就能持之以恒地去做。我认识一个10岁的小男孩，因为开学以后他要参加学校运动会的赛跑项目，所以他给自己规定了一项任务：在炎热的暑假期间每天跑3英里。这并不是因为他非常喜欢体育，而是因为他的哥哥在赛跑中总是成绩突出，所以他决心像哥哥一样。每当想到我们多么不愿意做那些每天都必须做的乏味的事情时，我们不得不佩服这个孩子在动力面前给自己施加压力的精神。牙科医生对孩子讲坚忍不拔的意义也是有效的。当孩子知道，勇敢地忍受痛苦而不叫疼是男子气概和骑士风度的时候，他们就会如此表现。《斯巴达男孩和狐狸》的故事所表现的思想仍然能得到赞同，如果一名女孩认识到忍受艰难是一种美德，她就不会因为感到疲劳而牢骚满腹。她将因为自己缺乏坚忍不拔的精神而感到痛苦，因为这将导致他人对自己的谴责，比如："你就不能再坚持一会儿吗？认真看着我是怎么做的呀！"正因为如此，她将激励自己去忍受那些可能需要她去忍受的痛苦。布鲁图的妻子波西娅通过自己刺伤自己的做法来证明自己能够和丈夫一起完成他的计划，通过这件事她要证明自己有坚忍不拔的毅力。

养成谈吐优雅和举止文雅的习惯①

〔英〕查斯特·菲尔德

亲爱的儿子：

这些天我脑子里一直在想着你非常差劲的谈吐，它的确让我忧心忡忡，因此这封写给你的信，以及以后还有许多封写给你的信，都将重点谈论这个话题。我很庆幸我们俩都能够及时了解到你这个情况，我希望能够及时地阻止它向更坏的方向发展。我想你应该非常感谢查尔斯·威廉斯把这个情况告诉了我。谢天谢地！如果你这种既不文雅又不为人喜欢的讲话方式由于被你或被我忽略，而在一两年后成为你的一种习惯，那么你在同伴中或在一个公共集会上的形象会怎样呢？谁还会喜欢和你在一块儿呢？谁还会乐意邀请你参加公共集会呢？读一读西塞罗和昆廷利安评述谈吐的著作，看一看他们是多么地看重谈吐的优雅。西塞罗评述得比较深刻，他甚至主张良好的形象是一位演讲者必不可少的东西，你绝对不能邋遢。他对人了解比较透彻，而且认识到了良好形象与优雅谈吐的无形力量。无论男性女性，更多的时候是被他们的情感引导，而非被他们的理解引导。他们的心情受感觉的影响。一个人的外在形象如果能够给对方一种赏心悦目的感觉，他的谈吐如果能够给对方一种如沐春风的感觉，那么他走进对方内心世界的这项工作也就顺利地完成了一半。

① 选自《一生的忠告全集》，〔英〕查斯特·菲尔德著，李旭大、黄蓓、吴瑞君译，中国发展出版社，2006年1月第1版。

我时常看到一个人在社会上的地位，很大程度上是由他第一次当众发言决定的。如果他的发言广受欢迎，让听众产生了强烈的共鸣，那么听众立刻不由自主地觉得他这个人才华横溢，对社会比较有价值，而其实有些才华他甚至并不具备。另一方面，如果一个人谈吐不文雅，当众的发言结结巴巴，枯燥无味，那么听众会立刻对他产生偏见，即便他可能很有才华，听众也对此表示怀疑。人们产生这种情感，并非毫无道理。如果一个人颇有才华，那么他必定认识到优雅的谈吐、亲切悦耳的讲话能够让他受益无穷。他将竭尽全力去培养和提高它们。

你的外貌不错，而且你说话的器官没有任何天生的缺陷。如果你心甘情愿地付出努力的话，那么你的讲话肯定能够富有感染力，你的谈吐也肯定比较优雅。然而，如果你在言谈方面做不到这一点，那么我和世界上所有的人，都只会把它归因于你缺乏才能。倘若你认真观察舞台上的演员，你能悟出什么呢？最受观众欢迎的演员，难道不是口头表达能力最强的演员吗？即便他们天生的嗓音条件并不很出色，他们也能用心地把话说得清楚、明了而又抑扬顿挫，让人听起来很舒心。倘若罗萨塞斯演讲时只是一个劲地用大嗓门快速讲话，毫无文雅可言，那么我敢断言，西塞罗根本不会认为他是一位优秀的演说家。

我们通过话语来交流思想，有些人说话时因为表达方式不当，而给人一种不知所云的感觉，或者让人根本不愿意听他讲话。我真诚地告诉你，我要根据你的谈吐是否优雅，来判断你是否具有才华。如果你具有才华，那么你就会一直努力去养成一种谈吐优雅的习惯。其实，我相信你完全有能力做到这一点。哈特先生可以在这方面给你提供很多帮助，你每天都可以大声向他朗读一些文章。每次当你读得太快，没有适当的停顿，或者不应该重读的地方重读了的时候，他都可能会打断你，并且给你及时纠正。当人说话时，留意自己的口型，发音一定要清晰，吐字一定要清楚。你可以请教哈特先生、埃利奥特先生或者任何一位与你交谈的人，而且每逢你说话太快或含糊不清的时候，请他提醒你一下，让你停下来，认真改正不妥之处。你甚至可以大声地对自己朗读，弄清楚自己的说话方式。有些时候，你不应该把话说得那么快，为了纠正自己这种说话快得让人跟不上的毛病，你在给自己朗读的时候，可以首先比

较缓慢地朗读。简而言之，如果你认为自己找到了培养文雅谈吐的方法，你就坚持按那种方法做下去；只要你刻苦努力，你会体验到优雅谈吐的快乐。我要再三向你强调这一点，从中你就能感受到它的重要性。

仅次于优雅谈吐的，就是上流社会的姿态和在众人面前的文雅举止，它们对你来说都是极其必需的，这是因为它们可以给你增添无穷的魅力。年轻人在这些方面粗心大意，马马虎虎的做法，完全不可原谅。它只能表明年轻人对自己的外在形象漠然置之，对自己能否取悦于人不管不问。伦敦这儿有个人最近曾经见到过你，这个人告诉我说，你的举止不优雅，对自己的形象漫不经心。这两点让我很伤心。如果你再这样继续下去，过不了多久，你会发现再想改正为时已晚，那个时候你也会感到伤心。举止不优雅的人，很容易被人们疏远，对自己的衣着与风度漠不关心的人，实际上是在粗暴地玷污习俗与时尚。我确信你一直记着某某先生，他那些不优雅的举止，给你留下了难以磨灭的坏印象，这种坏印象让你对他的才华与价值大打折扣。他一旦给别人留下这种坏印象，那么他很难去彻底消除它。我曾和许多人谈起过这位先生，大家都异口同声地回答说，他们确信他没有什么才华，因为他的举止太不优雅。

大家都在用自己的双眼去审视他人。女性对男性的言谈举止产生着重要影响，一位言谈举止极不优雅的男性不可能得到女性的青睐。这种事例，在现实生活中比比皆是。因此，你应当特别注重自己的衣着打扮，让自己的言谈举止文雅大方。我的确相信，你在莱比锡没有可以仿效的完美榜样，然而，你绝对不能以此为借口，从而养成一种对衣着和言谈举止满不在乎的不良习惯。当你前去宫廷时，一定要注重自己的衣着和言谈举止，因为在那种场合这二者非常重要。在那儿，无论是衣着方面，还是言谈举止方面，你都可以找到学习的好老师与效仿的好榜样。此外，你有时间时多练习一下骑马、击剑和跳舞，这既能让你强身健体，又能让你更加文明，更有教养。

在结束这封信的时候，我建议你认真思考我这些语重心长的话语。有一个人一直在无微不至地关心着你，他时常在查问你自身存在哪些不足之处，以便你能够及时认识到它们。你应该感觉到自己竟有这么好的运气。这个人不是别人，就是身为你父亲的我。世上没有人能够像我这样对你寄予殷切期望。我指出你的缺点，是为了防止你对它们视而不见。如果我们纵容彼此的自爱与利己，给我们的缺点盖上厚厚的遮蔽物，那么最终吃亏的只能是我们。当你从我这儿得知你存在什么不足时，你应当确信我只想帮助你纠正它们，我做这一切都是为你好，你不应该对此心存疑虑。我衷心希望你能够感受到父亲对你的一片爱心。

练习和习惯[①]

〔英〕约翰·洛克

我们天生就有几乎能做任何事情的诸多官能和诸多能力，这些官能和能力至少比人们所想象的能使我们取得更大的进展，但是这些能力只有经过锻炼才能给予我们做任何事情的能力和技巧并把我们引向完美。

一个中年的农民很少会培养出君子的姿势和语言，虽然他的身体同样匀称，关节同样柔韧，而且他的能力并无任何不及之处。一个舞蹈大师的双腿和一个音乐家的手指动作起来，不经思考，也不痛苦，合乎法度，优美动人。要他们改变他们的能力，他们几经努力也做不出他们的肢体所不熟悉的相同动作，而且必须长期练习才能在某种程度上达到相同能力。我们看到走钢丝的和翻跟斗的人使他们的身体做出多么惊人而又难以置信的动作——并不是几乎所有手工艺里的各式各样的动作都同样的惊人，我只列举这几个世人认为是惊人的例子，因为人们花钱去看他们表演。所有这些受人羡慕的动作是未经练习的观众所不能做到的，也几乎超出他们的想象。这些动作不过是人们勤学苦练的结果，这些人的身体和大惊不已的观众的身体并无特别不同之处。

身体是这样，心智也是这样；一切能耐都是靠练习得来的，即使那些被认为是天生禀赋的大多数优异过人之处，仔细审核起来，都是练习的结果，只有靠反复的行动才能提升到那种高峰。有些人因为在集会中

① 选自《理解能力指导散论》，〔英〕约翰·洛克著，吴棠译，人民教育出版社，2005年1月第2版。

使人愉快而引人注意，其他的人善于讲故事，给人以道德的教训和适当的消遣。这很容易被人认为是纯粹本性的结果，而事实恰好相反，因为这种特长不是按照法则而获得的，而且有这两种特长的人也决不是故意把这种特长当做一种技艺而学会的。可是事实上，最初碰到好运气，得到人的喜爱，赢得人的赞赏，鼓励他再试一试，他的思想和努力就向那个方向发展，最后他不知不觉地既方便而又不知其所以然地做起来，因此，就完全归诸本性，实际上更多的是运用和练习的结果。我不否认天生的素质常常促使首次成功；但是一个人没有运用和练习也不会有很大的成就，只有练习才能使得身心能力趋于完美。许多有诗人气质的人，从商以后丧失了才华，因为改变不了境遇而写不出诗来。我们知道在宫廷里和大学里，即使是在同一件事情上，论述和推理的方法也是很不相同的。只往来于法庭到皇家交易所的人在他的谈话方式里会表现出一种不同的特质和性格，但是人们不能以为所有命中注定要住在伦敦商业区里的人和在大学或者律师学院里长成的人相比，天生具有不同的能力。

上面所述的一切只是表明，人的理解能力和能力上显而易见的差异由于后天获得的习惯居多，而由于天生官能的较少。要想把一个年过半百的修篱笆的乡下人训练成优秀的舞蹈演员，那简直要被人笑话；要努力使他那么大年纪的人善于推理，言谈文雅，然而他却从来不习惯这一套，即使你把逻辑和演说的所有最好的箴言都放在他面前，他也不大会成功。听人说说法则，自己死记硬背，必然一事无成；练习必定要养成只做而不思考法则的习惯；只靠一次有关音乐和绘画的演讲就培养出优秀的画家或者即席表演的音乐家，靠一套法则说明正确推理的步骤就培养出思考有条理的人或者推理严密的人，是很难有希望的。

这就是实情：人们的理解能力和其他官能的缺陷和弱点都是由于他们自己的心智缺乏正确的使用。我往往认为我们一般错误地归咎于本性，因而人们常常埋怨缺乏能力，而毛病却在于能力缺乏适当的改进。我们看到一些人经常善于做买卖。如果你和他们讨论宗教上的事，他们就显得完全愚蠢而无知了。

不会坐的孩子[1]

霍懋征

暑假的一个傍晚，太阳西沉了。邻居们坐在楼前的树荫下乘凉。忽然，张太太走过来对我说：“霍老师，您来看看我那宝贝儿子，都二年级了，还没个坐相呢！”于是我们一道上楼，并约定不干扰孩子写作业，只偷偷地观察他写作业的姿势。张太太一家三口人，住着一套三居室的大房子。孩子听见门响，跑了过来亲昵地叫了声“妈”，第二个“妈”字还没出口，便马上改口说：“霍奶奶好！”见孩子这样懂事，我马上笑着说：

“小明真是个有礼貌的好孩子。你一个人做什么呢?”

“奶奶，我做暑假作业呢。”

“明明，你去做作业吧，妈妈跟奶奶说会儿话。”小明听到妈妈的吩咐，又回他的小屋里写作业去了。

小屋的门敞开着，我们坐在沙发上正好看见孩子的背影。张太太小声对我说：“霍老师您看，您看他的头，您看他的腿脚……哪儿像写字的样子嘛!”

只见孩子的头向左歪着，左侧面颊几乎贴在了桌面上，一动不动。作业本斜摊在桌子上，从右臂的腋下正好看见本子的左下角。再看他的腿和脚更是不老实——一会儿跷起个二郎腿，一会儿两脚跟无规则地胡

① 选自《没有教不好的学生——一代名师霍懋征爱的教育艺术》，霍懋征著，梁星乔编，中国大百科全书出版社，2003年9月第1版。

乱点着地板。

“他是不是还在小声唱歌呢?”我问。

“经常这样，一边写，一边哼着流行歌曲。”小明妈有点无可奈何地说。

过了一会儿，我走进小明的房间，站在他背后，发现他的字虽然写得比较工整，但几乎每个字都是歪的。我说：“小明，你站起来，看奶奶写字好吗?”

于是，我坐在椅子上，模仿着小明的姿势写了起来。

“不好看，不好看，奶奶写字的样子难看死了。”小明跳着双脚，大声地笑着说。

“你刚才不也是像奶奶这样写作业的吗?”

“不是，不是，我们老师不是这样教的。”小明大声地为他的老师和自己辩护。

“那么，你为什么要这样坐呢?这样写呢?”我笑着问。

孩子羞涩地低着头，嘟囔道：“以后我改还不行吗?”

其实，读书写字的姿势各人有各人的习惯，并不算什么大事，但是对于刚入小学的孩子来说，却又绝不是小事。因为读书写字的良好坐姿，不但是一种美育，而且对于孩子们肢体的健康发育有着直接的影响。尽管老师也讲了，家长也管了，但是由于孩子的好奇、偷懒，或许出于老师让往东他偏往西的逆反心理的作祟，坐姿常常不能得到及时的纠正，结果不少孩子小小年龄就在鼻子上架起了近视眼镜。孩子虽然每天蹦蹦跳跳无所谓，或许还会有一种“帅”的自豪，但留给父母的却是无奈的叹息。面对这样的学生，我们当老师的能没有遗憾吗?

小学老师是孩子们的启蒙老师。什么是“启蒙”?《现代汉语词典》的解释是“使初学者得到基本的入门的知识”。这种解释是对一切“初学者”的“入门”教育而言的。对于懵懂无知的小孩子来说，我以为不仅包括知识、智能的启蒙，培养孩子们良好的生活和学习的习惯，当然包括读书写字的姿势在内，也是小学启蒙教育的重要内容。良好的习惯是孩子们终生受益的一种品行和能力。几十年来，我给一年级小学生上的第一堂课就是怎样上课和怎样看书写字，其中最主要的就是“坐姿”。我的做法是：

（1）个别示范

在按照书上图示，向学生说明各种要领和要求之后，首先是我自己坐在学生座椅上示范。然后再请几个孩子示范，让大家评论谁坐得最好。

（2）集体模仿

在确定了坐姿最好的同学之后，就让全班同学模仿“坐姿最好的同学”一一坐好，让老师检查。

（3）互相观摩

在普遍要求的基础上，再分组表演，互相观摩。这种观摩非常有效。同学们不但一个比一个坐得标准，一组比一组坐得整齐，而且，用现在流行的话说，还能有一个极好的副产品——增强孩子们的集体荣誉感。

（4）堂堂提醒

一种良好习惯的养成不是一朝一夕可以奏效的。我不但在每堂课开始时提醒孩子们坐好、坐正，要求两眼平视前方，而且讲课过程中只要发现有谁坐姿不对，我就说：“现在有两个（或三个……）同学没坐好。”为了保护孩子的自尊心，我从不当众点名批评。

（5）及时纠正

一个班四十来个学生，他们的智能水平、身体素质和模仿能力等都是不尽相同的。老师应该是一个有心人，不但要及时掌握每个学生的学业进程，而且对他们的纪律表现、习惯养成，包括“坐姿”在内的训练，也都应该心中有数。在“坐姿”训练中，我们班也常常出现如前面提到的小明同学的那种情况。有的学生甚至是老师过来了，他坐好了；老师转身去了，他又犯起懒来。对于这样的孩子我是不厌其烦地一而再，再而三地提醒、纠正他们。我爱我的学生，我一定要让他们养成读书写字的良好习惯，一个孩子也不放弃。

（6）周周表扬

为了鼓励同学们的良好坐姿，我还把这种习惯的培养列入每周表扬的内容。最初是各组自己总结，班长在全班口头表扬，有时候我也点名表扬。到了他们能自己出墙报的时候，就让班委会和墙报小组在墙报上表扬了。

（7）家长帮忙

就培养孩子的学习技能和习惯而言，单靠在校的时间是不够的。我以为家庭是孩子们行为习惯的另一个训练场。加强与家长的联系、争取家长的配合是完成教学任务和技能训练的重要措施。所以，我从一年级开始就设立了“家校联系簿”。当孩子们知道我把他们看书写字的优美姿势告诉了爸爸妈妈的时候，他们的学习就会更自觉。在爸爸妈妈的督促和表扬下，他们的进步也就更大了。有了家长的支持，我便占领了家庭这块知识技能和行为习惯的训练基地。家长是老师的“同盟军”嘛！

看书写字的姿势，对于成年人也许是无所谓的事，但是对于肌体稚嫩的孩子却是一件大事。中小学生眼疾调查显示，造成学生近视的外因，除了教室、宿舍的光线不足和无节制地看电视等以外，看书写字的不良姿势和习惯也是一个重要的诱因。老师和家长不可不慎啊！

几十年来，我对每届学生都是这样要求、这样训练的。孩子们的坐姿正确了，再指导写字，字也就容易写得端正了。正确统一的姿势必然带来振作的课堂气氛。我经常做研究课、示范课，每次的课后评议，领导和老师们都会对同学们标准的坐姿和振作的精神状态大加赞扬。我感到十分欣慰。我这样训练的另一个成果是，到六年级毕业，班上从来没有一个驼背的或患近视眼病的学生。

重视良好行为习惯的养成教育①

余心言

我国古代第一部系统论述家庭教育的专著《颜氏家训》十分强调教育应当从小抓起。颜之推说：

“识人颜色，知人喜怒，便加教诲，使为则为，使止则止，比及数岁，可省笞罚。”

“吾见世间，无教而有爱，每不能然；饮食运为，恣其所欲，宜诫翻奖；应诃反笑，至有识知，谓法当尔。骄慢已习，方复制之，捶挞至死而无威，忿怒日隆而增怨，逮于成长，终为败德。孔子云：‘少成若天性，习惯如自然，是也。’”

颜之推在这里提出了一个习惯的养成问题。我们知道，习惯的力量是一种顽强而巨大的力量。习惯一旦形成之后，没有十倍百倍的力量，很难加以改变。许多人的习惯，终其身也无法改变。俗话说，“江山易改，本性难移”。用唯物主义的观点去看，这里所说的“本性”当然不可能是与生俱来的，在很大的程度上，它也是与长期形成的习惯有关的。

不能把习惯都看成是保守的力量。许多重要的事情正是靠习惯的力量去完成的。足球场上，一球飞来，许多神速的反应并不是经过慎重思考，而是由“习惯性的动作”完成的。晨起刷牙，饭前洗手，这一类卫生习惯使人们一辈子受用。今日事今日毕的习惯使许多人夺得了更多的

① 选自《和孩子一起成长》《余心言谈家庭教育》，余心言著，同心出版社，2007年5月1版。

时间，也等于延长了自己的生命。孔夫子的学问恐怕同他“每事问”的习惯分不开。诸葛武侯的“神机妙算”同他“一生唯谨慎”的习惯不能说没有关系。有的人一事当前总是先想到他人，想到集体，而不是先替自己打算，有了这样的“思维定式”，道德品质自然高尚。形成了良好的习惯，为人处事，就会增大自己的自由度。所谓“从心所欲不逾矩”的境界是可以经过努力达到的。而沾染满身恶习的人在社会上必然会处处感到别扭，感到压抑，别人不喜欢，自己也愉快不起来。

良好的习惯是可以养成的，习惯养成之后看上去“如自然”，但是养成的过程却并不是自然的。一些家长往往说“树大自然直”，并不符合自然的规律。更不符合人的成长规律，有些人确实在长大成人后变“直”了，改掉了幼时的某些恶习，但这是经过多少次痛苦的磨炼，碰了多少次钉子之后的结果，决不是“自然”的。为了使我们的后代在成长过程中少付一些不必要的代价，少走一些弯路，我们有必要认真研究一下如何帮助我们的子女、我们的学生养成良好习惯的学问。

关鸿羽、沈淑娥同志用3年时间进行培养孩子良好行为习惯的教育科学实验，取得很好的效果。现在他们根据自己的研究成果写成了《养成教育》的专门论述。这对于我们的社会主义教育科学研究是一项值得重视的贡献，对于广大中小学及幼儿教育工作者，对于广大家长都是有益的。

对于青少年的教育，一种流行的偏向是只重视智育（也有实际上是只重视分数而忽视真正的知识和才能获得的）而忽视德育。以为只要有了本事就一定会有饭吃，拿钱多，生活好。其实这是不尽然的。旧社会曾经有多少才佼之士穷愁潦倒难展抱负！真为后代的幸福计，还需要使他们具备保卫人民当家作主的社会主义制度的觉悟和本领。再有，还需要解决能不能为人民做好事的问题，如果满脑子坏水，最后只能同这个社会格格不入，什么才干也没有用。对于这个问题，已经有一些同志开始注意了。另一个问题是，把德育也仅仅看做是有关知识传授的过程。德育确实离不开社会科学知识的传授，但是它不仅是知识的传授。道德作为一种行为规范，实际上离不开行为习惯的养成。现代教育的长处是学科各有分工，使每一门学科的教学能尽可能适合科学自身的体系和学生的认识规律。其弱点则在于容易发展到只见学科而不见人，而我们教

育的任务则正是要培养人，培养德智体全面发展的人。每一位教师、每一堂课都各有分工，任务是很明确的。但是，人的全面成长，特别是良好的行为习惯的养成，究竟由谁负责呢？似乎不太明确。实际上这只能渗透而且必须渗透到各科教学之中去。否则就不可能很好地完成教学生怎样做人的任务。所以，养成教育应当是每一位教师、每一位家长都能掌握的教育艺术。如果有更多的人来自觉地从事这方面的实践，一定能够从更多的角度，总结出更丰富的经验，使我们得到更深刻的规律性认识。这应当不是一种奢望。

行为塑造须从细微之处入手[①]

卫亚莉

人的成长的每一阶段都有必须要学习和经历的东西，如果哪一项学习内容由于某些原因没有在当时完成，那么将来就要付出双倍甚至更多的代价才能补上。

在现今竞争日益激烈的社会大环境下，我国的家庭教育出现了一些微妙的变化，与20年前相比，今天的父母们对于儿童的智力开发和音乐、舞蹈、琴棋书画等技能的培养的热情可以说是空前绝后，但是儿童的行为品德培养却无形中被很多人忽略甚至遗忘。是否只要有文凭、知识和技能就可以在社会中畅行无阻？答案肯定是“不”。

这些年来，每年我都会接待一些千辛万苦考上大学，却由于学习以外很多能力的发展缺陷，比如生活自理能力和人际交往能力的缺陷，而无法继续学业的大学新生，我为他们感到非常惋惜和遗憾。

有一名患了强迫症的来访者向我讲述了他刚上大学时常人难于想象的适应困难。他的父亲是一所中学的校长，从小父母对他的要求就是学习、学习、再学习，除此而外，什么都不让他做，什么都不让他过问。上大学后，许多生活小事对他来说都是问题，都是难题，比如他不会洗衣服，不知怎样付钱买东西，头发长了也不知道怎么去理发。他说，他差点就让爸爸辞了校长职务去陪他读书了。

① 选自《好孩子坏孩子——亲子关系成功技巧》，卫亚莉著，北京大学出版社，2006年4月第2版。

无独有偶，一名女大学毕业生告诉我，她刚上大学时，每个月的饭票不到半个月就花完了，因为她从来不看票面，每次都递上一张就走，直到半年后一次打饭，她递上饭票又要走，被大师傅叫住，找给她好几张饭票。她非常纳闷，怎么给大师傅一张饭票，他反给自己好几张饭票呢！这听起来似乎是笑话，但确是现实中发生的事，不容置疑。

人的成长的每一阶段都有必须要学习和经历的东西，如果哪一项学习内容（行为和能力学习）由于某些原因没有在当时完成，那么将来就要付出双倍甚至更多的代价才能补上。

对于不同年龄阶段的儿童，其行为习惯的培养重点也有所不同，这里简述如下：

（1）1～3 岁的婴幼儿的培养重点

睡眠习惯：训练婴幼儿独睡及定时睡觉的习惯是培养儿童独立性及生活规律性的开端。另外，良好的睡眠习惯对于婴幼儿的大脑发育也有重要的作用。

进食习惯：培养婴幼儿自己进食，以锻炼手的灵活性。重点是培养定时进餐的习惯，学习使用餐具，吃饭时不分心玩乐，不到处乱跑，不用手抓食物，不过食和偏食。

卫生习惯：饭前饭后洗手，不吃不洁食物，不吮吸手指，不随地大小便，定时洗漱等。

（2）4～7 岁的学前儿童的培养重点

交往与合作行为：这个时期是儿童社会化发展最重要的时期，应鼓励孩子与同伴玩游戏和交往，使孩子学会与别人合作和共处、谦让、讲礼貌等文明习惯。上幼儿园对于孩子的社会化有非常好的作用，通过与小朋友、教师的关系协调和处理，奠定孩子人际沟通和交往能力的基础。

自己动手做力所能及的事情：如自己穿衣服、整理玩具，自己洗脸、刷牙等。

乐意帮助父母和小朋友的习惯：从小就注意培养孩子帮助父母和小朋友做一些事情，既有助于培养孩子的生活能力和独立性，又能使孩子体验自我价值感。

及时发现和矫正此期常见的不良行为：如遗尿、咬指甲、做怪相、

多动、口吃、过食、厌食等。

（3）7 岁以上儿童的培养重点

良好的学习习惯：要让儿童做到上学不迟到，不早退，不随便缺课，上课专心听讲，积极举手发言，当天功课当天认真、独立完成，整理自己的读书环境。

学会有始有终：做任何事情，往往开始时容易，但要坚持完成常常较困难，如果儿童养成有始无终、虎头蛇尾的坏习惯，改变则非常困难，而小学期间，在父母与教师的督促下较容易培养有始有终的良好习惯。

学会替别人着想，不打搅别人。

培养儿童对家庭的责任心，帮着做一些家务。

自律的习惯：动别人的东西要先打招呼征得同意。

遵守时间的习惯：父母要给孩子定时间表，安排好孩子的作息时间、学习时间等，逐步帮助孩子自觉执行，使孩子学会按时作息，按时学习，成为时间的主人。

专心学习的习惯：要培养孩子读书写字注意力集中、专心好学的习惯。防止孩子形成边做作业边吃东西，或者边做作业边玩的习惯。

勤学好问的习惯：孩子遇到不懂的问题，喜欢问为什么，父母一定要耐心回答。有些父母对孩子没完没了的问题回答不上来，又怕说不知道失去威信，就训斥孩子“烦人”，这样会打击孩子的好奇心和求知欲。

独立学习和思考的习惯：父母如果不注重培养孩子的独立学习能力和思考能力，孩子就会过分依赖父母，缺乏学习的主动性和独立性，凡事不肯动脑筋，也不能自觉地完成功课。所以鼓励孩子自觉自律地学习，自己动脑筋解决学习问题很重要。

自我管理能力：要求孩子学会整理书包和自己的书桌、抽屉，做完功课自己收拾文具，这样有助于培养孩子的自我责任感和条理性，避免养成做事虎头蛇尾、散漫无序的坏习惯。

第六篇

能力篇

能力培养需要一定的活动环境，孩子各种能力的培养需要特定的活动得以显现，如只有在音乐活动中才能发现孩子的节奏感，只有在集体活动中才能发现孩子的组织和与人交往的能力。要想让孩子在将来的社会竞争中立于不败之地，这就要求教育者创造各种环境，发现孩子的兴趣特长，并培养这种与生俱来的天赋才智，把孩子的潜能发挥出来。

良好的行为习惯有助于能力的长期培养，这种能力既包括孩子的兴趣特长，也包括生活自理能力和灵活处理事物的能力。我们不妨听听大师的经典论述，如苏霍姆林斯基讲述“劳动习惯”的培养，约翰·洛克讲述“通过练习培养习惯”，以及叶圣陶讲述“习惯成自然”，等等。

劳动习惯[①]

〔苏〕苏霍姆林斯基

少年期形成劳动习惯的时候，同时认识到劳动是重要的精神需求这个作用。少年思考自己在生活中的地位，有意识地竭力表现自己的个性。在少年期，重要的不仅是一个人干了多少活，干得怎样，重要的是他在想着劳动。当少年在想象中构成共产主义社会的蓝图时，不能使他们头脑中有这样的想法：认为到了共产主义社会生活会变得很轻松，工作日会缩减到最低限度，认为人的主要幸福就在于此。要享用共产主义生活的最大福利——空余时间——必须从精神上培养一个人。精神生活是否充实，取决于人用什么来充实自己的空余时间。只有那些有助于人们去认识世界和开拓世界的多种多样的劳动，只有在进行创造的进程中实现人的个性自我表现和自我肯定的劳动，只有用使精神生活不断丰富的劳动去充实空余时间才能使人幸福。没有劳动，人必定要受到丹塔尔一样的痛苦：在物质丰富的环境中，他仍然是个乞丐，正如塔拉斯·谢甫琴科所说的，是个“精神赤贫”。

劳动纪律在少年期具有特殊意义。每个少年在完成一天的工作和克服困难的时候，应该找到意志自我教育的手段。我坚信进行智能教育和劳动教育首先要有空余的时间。少年只有在较大程度地显示他的才能和

① 选自《公民的诞生》，〔苏〕苏霍姆林斯基著，黄之瑞、张佩珍、姚亦飞、章云、杨季航、王家柚译，教育科学出版社，2002年4月第1版。

素质的劳动中，才能表现自己。如果少年能更多地按自己的愿望工作，他心爱的工作就能更加深入他的精神生活，这样，他就能更好地珍惜自己的空余时间，也就更善于利用这些时间，把这看做是幸福和欢乐的源泉。

好习惯是孩子一生的财富[①]

〔德〕卡尔·威特

威廉·詹姆士曾说过："播下一个行动，收获一种习惯；播下一种习惯，收获一种性格；播下一种性格，收获一种命运。"

所以，培养孩子性格的重要性不言而喻。而培养性格不是刻板的，而是贯穿孩子生活的全过程。

培养孩子的生活小节要从培养良好的习惯着手。小节问题往往与一个人的生活习惯紧密相连。当孩子一旦养成了某种不良习惯，便会成为一种无意识的行为，自己都觉察不到，比如不注意卫生，办事拖拉、马虎，都表现为日常的习惯。因此，要使自己的行为得当，就必须养成良好的习惯，根除那些陋习、恶习。而要做到这样，又必须把个人习惯问题提高到道德修养的标准上来对待，每天对自己的思想行为有所反省，想想自己这一天有哪些好的观念、行为，应该如何保持，发扬光大；又有哪些不当的地方，督促自己坚决改正，决不姑息。

良好的习惯一经形成，就是终身受用的资本；反之，不良的习惯则会成为一生的羁绊，阻碍自己的发展。有人做过这样的比喻，人生的路上有两块路标，一块写着"向善"，指引你向光辉的顶点攀登；一块写着"为恶"，引人步入罪恶的深渊。这个生动的比喻说明了这样一个道理：学好，要有很强的精神力量支撑，还要付出艰苦的努力，并要凭借

① 选自《卡尔·威特的教育》，〔德〕卡尔·威特著，翟文明、郝荣丽编译，光明日报出版社，2005年12月第1版。

顽强的意志刻苦磨炼自己；而学坏，往往是从放松对自己的要求开始，很容易就会在错误的道路上越走越远。

正如一句格言所说："要注意你的思想，因为思想会产生行为；要注意你的行为，因为行为会养成习惯；要注意你的习惯，因为习惯会形成性格；要注意你的性格，因为性格会影响你的一生。"因此，我们要有意识地用良好的道德规范自己。从身边的点滴做起，不要拒绝做小事情，因为大事是由小事组成的，高尚的品德就是在细微之处体现出来的。

对于孩子既不可娇生惯养，也不应过多地斥责。我们不但不呵斥孩子，而且最重要的是让他们懂得一个道理：人生在世，自己的所作所为必然会得到相应的报答。我按着这一原则教育卡尔。例如，他做了好事，第二天早起他枕头旁边就放上好吃的点心之类，并告诉他，这是由于你昨天做了好事，仙女给你的。假若他做了坏事，第二天早上起来就见不到这些东西，并告诉他，因为你昨天做了不好的事情，仙女没有来。

我和卡尔的妈妈也注意在日常生活中培养卡尔的好习惯。当每天晚上他脱下衣服自己不收拾时，就让它一直放到第二天，我也不收拾，并且绝不拿出新衣服给他穿。如果孩子的衣冠不整，精神上也必然是散散漫漫。反之，衣冠端正，能使人精神抖擞。所以，服装不可过于奢侈，但必须是整洁的，整洁的服装还能使我们产生自尊心，就连马也是如此。给它换上好马鞍，就表现得扬眉吐气；给它换上破旧的马鞍，就表现得垂头丧气。马都这样，何况孩子呢。没有自尊心的孩子，绝不能成为伟人。

在注意服装的同时，还应当注意让孩子保持身体的清洁卫生。要教孩子洗脸、洗手、早起刷牙、梳头。身体清洁也能促使孩子产生自尊心。

然而，不可让孩子沾染好打扮、好漂亮的习气。孩子之所以这样，是受母亲的影响，因此必须警惕。人既然活着，就不可什么也不干。有的妇女对于个人的修养和教育孩子不感兴趣，这种人往往埋头于时装竞赛。为了教育孩子，这是应当避免的。

顺便谈谈，我认为不应让孩子穿姐姐或哥哥穿过的衣服。即使家境

不佳，最好也不要这样做。因为这样会严重地损害孩子的自尊。我让儿子和我们一起吃饭，把他和大人同样对待。吃饭时的谈话选择他能懂的话题，平等地交谈。有的家庭吃饭时不让孩子说话，有的甚至不吃饭时，孩子也必须畏畏缩缩。这样做，孩子就不会有任何自尊心。

此外，为了使孩子能自重，必须信任他们。无论是大人还是小孩，受到别人的信任就能自我尊重。管束孩子不许干这个，不许干那个，还不如信任他们，耐心地说服他们更为有效。我们如果把孩子当坏人对待，他就可能成为坏人。

在养成孩子健康的卫生习惯方面，“我说过多少次了？怎么总没有记性？要……不要……”这是父母最常说的话。孩子不爱干净，懒于梳洗、刷牙、洗澡、换衣服，尽管大人不停地提醒或警告，但孩子依然不能养成卫生的习惯。为什么父母的督促，孩子都没听进去？

其实，“我已经告诉你多少次……”这句话只反映了一个事实：一个得逞的小孩正在与生气的父母玩“我需要你注意我”的游戏。孩子真的不明白父母的话吗？不！一次的“告诉”已足以令聪明的小孩明白应该注意卫生。但他们有一个错误的想法是：只有像我现在的“脏猪”模样，才能引起爸妈的注意。也有些小孩子是因为依赖、懒惰成性，他们明知母亲不能接受自己脏兮兮的样子，必会忍不住动手替自己洗脸、换衣服，到时他乐得坐享其成。

如果你要孩子养成注意个人卫生的习惯，必须采取行动，而不是一再地唠叨，敦促。不妨试试以下的方法：

父母本身得先做个好模范，注重个人卫生，才能对孩子有所要求。

有些父母不相信或不肯定孩子已经洗过澡或刷了牙，常偷偷地检查孩子的牙刷、毛巾是否湿的。这样做若给孩子知道了，反会招致不满，认为父母不信任自己，以后干脆就不洗了。父母只须偶尔察看一下，而不要像间谍似的紧盯着他。

定下一些规则，要全家上下一律遵守。例如不洗手不可上桌吃饭，不洗澡不得上床睡觉。须注意不要带责备的语气，说过规范一次以后，便不要再重复唠叨，而以行动来实行。假如孩子个性执拗，不愿合作，硬不肯洗手便上桌吃饭，父母可以坚定的态度请他到别处吃，因为他的手太脏，令人看到不舒服，影响大家食欲；要不然，爸爸妈妈可以一起

离开饭桌，带着饭到别处吃，不理睬他。

孩子不肯刷牙，牙齿蛀了，牙痛都是他自己的事，父母不用一下一下地为他清洁牙齿，这样对他一点帮助也没有，就让牙医来处理，医生会教他怎样保养牙齿，他也从拔牙、补牙、洗牙或吃药打针上得到“惨痛”的教训。

洗澡也是孩子自己的事。孩子到了六七岁已有能力自己洗澡，父母应给孩子机会养成自理生活的能力，无须事事操心。孩子不愿洗澡，身上汗臭难闻，同学、朋友闻了都敬而远之；父母也可以告诉他，实在无法忍受他的体臭拒绝与他玩耍或同桌吃饭。如果他的同学或朋友告诉他味道不好更是见效。此外，不洗澡会使身体发痒，一点也不舒服，就让孩子亲尝苦果，他自会作出聪明的抉择。

我注意养成卡尔健康的生活习惯。健康的生活习惯包括饭前洗手、早晚刷牙、不吸烟、不贪吃零食、按时睡觉，等等。这些习惯看似简单却对人体健康有着不可小看的影响。

成年以后的莎丽变得日益沮丧，严重超标的体重，给她的生活带来了无尽的麻烦，而且使她心理上承受了很大的压力。她责怪父母小时候未能帮助她建立正确的饮食观念：

“他们不但不约束我吃东西，而且还不断把各种美味点心和可口零食摆在我面前。我长得越来越胖，可他们仍毫不在意地向我提供那些高热量高脂肪的食物。”

同样成为不良生活习惯受害者的是亚历山大。他从 9 岁起开始吸烟，使身体状况受到严重影响，到 35 岁时就不得不因为呼吸道和肺部问题住进了医院。

这些麻烦的产生完全可以归咎于儿童时父母的照顾不当。

所以说，父母有责任帮助孩子树立健康的生活观念并矫正他身上出现的不良习惯。但是，请记住，不要试图告诉孩子养成健康生活习惯的好处，这些喋喋不休的解说毫无意义，因为孩子尤其是年幼的孩子根本无法理解，也没有兴趣去知道。作为父母，与其让孩子通过复杂认知接受某事，不如建立严格规矩要求他服从，随着孩子的成长，他自然而然就明白了养成健康的生活习惯多么有益。

通过练习培养习惯[①]

〔英〕约翰·洛克

请你务必记住，儿童绝非用规则就可以教好，规则迟早是会被他们忘掉的。倘若你感到他们有什么必做之事，你便应该利用一切机会，甚至在可能的时候创造机会，为他们提供一种不可缺少的练习，使之在他们身上固定。这样就可以使他们养成一种习惯，有关习惯一旦培养成功，便无须借助记忆，轻易自然地就能发生作用了。不过在这里请允许我提供两点忠告。

第一，你若要他们通过练习去培养你希望在他们身上形成的某种习惯，最好和颜悦色地去进行劝导与提醒，不可疾言厉色地责备，仿佛他们是有意违抗。

第二，还需注意的一件事是不可同时培养太多的习惯，以免花样太多，让他们不知所措，结果反而一事无成。要等到某一种习惯经过经常的练习，变得轻松自然，儿童做来不假思索时，你才可以再去培养另外一种习惯。

这种在教师监视下，通过反复练习，即同样行为反复操练，以期养成良好的做事习惯，而非死记规则的方法，无论从哪个方面考察，都有诸多优点，可是过去竟这样被人忽视，我实在觉得费解（倘若关于任何事物的不良风俗是可以值得奇怪的话）。

我现在以自己的方式阐述更多的意见。采用这种方法我们就可以知

---

① 选自《教育漫话》，〔英〕约翰·洛克著，杨汉麟译，人民教育出版社，2006年6月第1版。

道，我们要儿童去做的事情是否符合他的能力（Capacity）、他的天资及体格（Natural Genius and Constitution）；因为正确的教育对于这些方面亦须顾及。我们不应希望完全改变儿童的本性，我们既无法在不对他们造成伤害的同时将乐天豁达的天性变得郁郁寡欢，也不能使忧郁消沉的天性变得朝气蓬勃。上帝在人类的精神上烙下了各种特性，那些特性正同其体态一样，少许加以改变或许可以，但要彻底改造，转变为完全相反的模样却是异常困难。

因此，儿童周围的人应该认真研究儿童的天性与才能（Natures and Aptitudes），并且经常尝试，观察他们最容易走的路子是什么，以及是什么造就了他们；此外还要考察他们的禀赋（Native Stock），思考如何才能改良，以及适合做什么；他应当知道儿童缺乏的是什么，可否通过努力去获得，由练习去磨合，并且值不值得去努力。因为在诸多个案中，我们所能做或所应做的乃是尽量利用自然的赋予，在于阻止有关禀赋最易产生的邪恶与过错，并对它所可能带来的优势大力协助。每个人的禀赋才能都应尽量得到最大发展，但如试图使之彻底改变，则必然无功而返；即使加以掩饰，最好的结果也不过是貌合神离，拘谨死板及矫揉造作（Constraint and Affectation）的不雅特征定然挥之不去。

帮孩子养成自助能力和习惯[①]

〔英〕赫伯特·斯宾塞

夏季来临，德文特河在一场暴雨后突然变得开阔起来，起伏的河水带着两岸飘落的芦苇花和上游漂下来的橡树干日夜流向远方。

也是在这个夏天，小斯宾塞的一篇《星云假说》的文章获得了爱丁堡大学的自然征文奖，而他这时只有十岁。这件事在德文特河两岸被传为佳话。许多教育学家、大学校长来信和我讨论早期教育问题，而教区的牧师则又一次邀请我向人们讲述自我教育的话题。

我从来不希望大家把小斯宾塞看做一个神童或者天才，因为我最了解他的思想和能力是怎样得来的。我也不希望其他父母只看到结果，而不去学习培养孩子智力的漫长过程。事实上，这是一次漫长的跋涉，充满乐趣，也需要耐心和智慧。

一、让兴趣帮助孩子自我教育

没有什么比满足孩子兴趣更有吸引力。

也没有什么比兴趣更能让孩子忍受哪怕是吃苦受累。

然而几乎所有的父母和老师都面临同样的问题：一是孩子的兴趣可能五花八门，很多兴趣看起来没有发展前途，也与他以后要面对的社会没有关系；二是孩子的兴趣是变化的，今天喜欢这样，明天喜欢那样，

① 选自《斯宾塞的快乐教育》，〔英〕赫伯特·斯宾塞著，颜真译，海峡文艺出版社，2005 年 2 月第 2 版。

见异思迁，怎么可能完全凭兴趣去发展呢？三是许多孩子所表现出来的兴趣与父母的期望完全相反，谁愿意违心地去满足他的兴趣呢？比如一个孩子对烹饪发生了浓厚的兴趣，而父母只希望他学钢琴，或者小提琴。

我认为，孩子的兴趣不管看起来多么无用而离奇，也同样可以通向对他一生具有伟大意义的自我教育，一旦他获得这种能力和习惯，同样会导向他成为一个杰出的、优秀的、有教养的人。

如果他对烹饪有兴趣，那就从烹饪开始；如果他对木工活有兴趣，那就从木工活开始。一般来说，如果一个孩子不太具备某一个方面的潜能（正如我在《发现孩子的潜能》里所谈的），那么他偶尔产生的兴趣会很快转移，趋易避难是动物也会表现出来的本能。如果一个孩子长时间对烹饪有兴趣，至少可以说明：他对事物的性状特别敏感（咸或者甜）；他善于把某种东西进行组合、搭配，以达到某种效果；他注重事物的变化和变化程度；他对量和度的概念有直觉能力；他喜欢群体，并懂得如何让别人满足，从而得到回报、赞赏或者快乐。这些描述，你会觉得这是对一个具有领导和组织才干的人的描述。的确如此，在许多后来成为社会组织者的人中，爱好烹调的人占绝大多数。当然他也可能仅仅成为了一个厨师（我个人并不认为厨师有什么不体面）。关键在于他是否得到了正确的引导。只要细心去分析，你会发现每种兴趣都会有“有价值”的指向。

公元 1 世纪的时候，伟大的耶稣向各种人讲“爱”的真理，他没有像摩西一样用 10 条戒律的方式，他也不像许多其他先知一样深不可测，他伟大的真理总是和凡俗的各种事物连在一起，患麻风病的妇人、税吏、石头、谷物、羊群、灯盏，他使每一个听到的人都内心平静下来，更有耐心，更加温柔……

这也同样适合每一个父母在对待孩子兴趣以及引导这种兴趣去成就自我的教育上。

如何利用兴趣帮助孩子进行自我教育，我有这样一些建议：

（1）提供必要的帮助，比如工具、材料、书籍，仅此而已。

（2）把从兴趣到成果的过程完整地交给他自己，遇到困难时，适当给予鼓励。

（3）把他的兴趣变成对家庭有用的东西，让他感觉到他的兴趣和劳动的价值。

（4）有机会让他自己讲解。

（5）提出一些新的问题，希望他自己去找到答案。

（6）对他因兴趣而产生的成果，作出阶段性的评价，让他看到评价的变化。他会很重视这种评价，并从变化中思考怎样获得好评价的方法。

（7）如果你想让孩子的兴趣保持下去，就不要随时随地满足他，相反，你想让这种兴趣消失，就不断满足，他很快会觉得无趣。

二、帮孩子准备必要的自我教育的工具

如果一个孩子对植物很有兴趣，他专注于它们怎样发芽、长叶、开花、结果，但手边却一本相关的书也没有，怎样制作标本、怎样收集、怎样整理都不知道，必要的防腐剂也没有，他的兴趣就会长时间停留在第一个阶段，然后逐渐消失，根本谈不上运用它来培养自我教育的能力。他会因为难度太大而放弃这个充满快乐的过程。许多极有潜能的孩子就这样变成了平庸的人。

因此，父母应该为孩子准备与他兴趣相关的工具，包括图书。书并不一定要很多种，有时越多越不会被孩子珍惜，关键是要选好一本。研究教育的人和机构也应该为孩子提供这方面价廉的产品，不管多么简易，它毕竟给了孩子最有效的帮助。

孩子的教育过程很像戏剧，有道具和没有道具效果完全不一样。

我在小斯宾塞的教育中，先后制作了夹植物标本的本子、可以固定样品的夹子、留下书写和绘图空间的纸张、放大镜以及背包等，这些东西，是小斯宾塞自我教育的永久留念。

我也告诉他如何采集、晒干、防腐处理、分类放置和加写说明的方法。

总之，针对孩子的兴趣，需要花上一点时间帮他解决他自己无法解决的问题，这也是使他的兴趣得以长期坚持下去的良策。

需要说明的是，这种帮助孩子自我教育的工具不宜太多太好，否则

孩子的兴趣会从原来的事物转移到这些工具上。

三、让孩子参加一些兴趣小组或儿童协会

“伤心需要自己料理，而快乐则需要有人分享”，这句话也同样适合孩子的自我教育。让孩子们组成活动小组、兴趣小组，可以使他们相互激励、交流，也可以把兴趣与一定的团队目标结合起来。孩子们在一起常常可以找到志趣相投的朋友。

定期举行一些聚会或展出、野外活动等，会使孩子觉得更有乐趣。

四、让孩子自己拟订一个计划

几乎所有孩子，天生都是缺少时间概念的。他们渴望自由，无拘无束，但如果不加指导地把时间交给他，他就会像挥霍空气一样毫不在意。不过，如果父母给他一个计划他要么会厌倦，要么会完全心不在焉。这是父母常常对教育失去信心的重要原因。恰当的办法是让他自己做一份每天的时间安排表。当然，许多孩子可能刚开始会按时间表去做，但接下来又忘了，父母除了提醒以外，可以针对孩子每天完成计划的情况打分。一周下来，一个月下来，作一个评价，并适当给出物质和精神奖励。

五、从一定程度的生活自理开始

一般说来，一个生活自理能力很差的孩子，他的自我教育的能力也会比较差，我从对小斯宾塞的教育中深深地感受到了这一点。自我教育并不仅仅指获取一些能登大雅之堂的知识，恰恰相反，它也包括自我生存能力的获取。我清醒地认识到，在生活中，天才毕竟是少数，而且很多后来被誉为天才的人，也是从日常生活中来的。因此，到了有一定自理能力的年龄，应该让他学会生存，比如洗衣、做饭、扫地，只要不是完全把他当做劳动力来对待就行了。

生活自理，还意味着培养孩子独立、不依赖的意识和劳动的习惯。

许多孩子，特别是家庭条件好的孩子，他在生存能力上反而减弱。原因就是许多应该他自己去完成的事，被交给了女佣或者父母，这是不

可取的。

六、让孩子独立完成一些与生活有关的事

周末人们一般会到户外去郊游，但绝大多数时间是由成人在作决定，带什么东西，遇到什么情况该怎么办，在哪里吃饭，哪里住宿，花多少钱，等等。孩子几乎是一个附属品，他们很多时候更像是一个富有的绅士，由管家或其他什么人安排着一切。我认为完全应该把关系倒过来，他应该是责任人，而不是旁观者。

文明卫生习惯[①]

〔苏〕B. H. 阿瓦涅索娃

在学前期培养孩子爱好清洁、整齐、有条理等习惯是很重要的。在这几年里，孩子可以养成所有最起码的文明卫生习惯，能懂得这些习惯的重要性，能够迅速地、准确无误地加以执行。对5岁以下的孩子尤其要注意培养这些习惯，因为他们对“自己”洗脸和穿衣服很感兴趣。对于大一点的，即5—7岁的学前儿童，要使他们巩固这些技能，要让他们严格地正确地做好这些事。在学前期牢固养成的习惯和技能可以保持一生。

周围人的榜样对培养孩子的文明卫生习惯有很大作用。要是大人做完早操后淋浴，孩子就认为他自然也应该这样做。在家里，父母、哥哥、姐姐都是先洗手再坐下来吃饭，这对小孩子说来也会成为一条规矩。但正确的家庭生活方式并不能保证孩子掌握他可以学会的全部技能。应该专门进行这方面的教育。

首先应该要求孩子始终严格遵守规定的卫生规则。要给他们讲解这些规则的意义。但是，一开始就帮助孩子正确掌握必要的技能也是很重要的。例如，在洗手以前要先把袖子卷起来，然后擦上肥皂。洗好后把肥皂沫冲净，最后用自己的小毛巾把手擦干。当孩子集中注意力重复做同一个动作（例如往手上擦肥皂）时，不要催促他，更不要替他做。孩

---

① 选自《学龄前儿童教育》，〔苏〕B. H. 阿瓦涅索娃编著，杨挹敏等译，教育科学出版社，2004年7月第1版。

子学习一种技能往往想要多次重复某一个动作。慢慢他就能独立迅速地完成了。大人的责任是提醒孩子，问一问忘记做什么了没有。以后差不多可以完全放手让孩子自己去做，但要检查他做得是否正确。这在整个学前期都必须坚持。

牢固形成习惯，孩子完成起来既轻松又迅速，而且积极主动，不需任何提醒。要是他偶尔忘了，例如没有洗手就跑来吃饭，那么稍微暗示一下或提醒一下就足以使他（甚至有些不好意思地）改正错误。但是，如果孩子没有养成好的习惯，要求他做好就很费劲了。往往会发生对父母、对孩子都不大愉快的“谈判”：“瓦尼亚，你忘记洗手啦!”“我的手很干净” “不管怎么说吃饭前还是要洗手的” “我刚洗过没多久”……

起床后，做完了早操，孩子最好洗个淋浴。这样他可以用流动的水把手、脸以及全身洗干净。水温（任何全身洗浴都一样）在开始时应该接近体温。淋浴快结束时，水温可以比开始时降低2℃，然后再提高，再降低。如果住所没有淋浴设备，那么每天早晨要给3~4岁的孩子洗下半身。孩子在淋浴或洗浴后必须擦干。

除每天给孩子洗淋浴外，每星期要给孩子彻底洗一次澡（还要用肥皂洗头）。如果孩子不能每天洗淋浴或盆浴，那么每星期要给他彻底洗两次。学前儿童应该而且能够懂得在饭前便后、从外面回来、同动物一起玩以后……总之，只要手脏就应洗手的道理。

脚不光是晚上睡前要洗（即使在不能全身洗浴的情况下也是如此），白天睡觉前也要洗。特别在夏天尤其要这样做。

在学前儿童个人卫生习惯方面，还应该注意口腔卫生。孩子从3岁起就应该学会在晚上睡前漱口，从4岁起就应该学会刷牙（从上往下刷和从下往上刷，里外都要刷到）。早晨起床后漱漱口就可以了。饭后也要用温水漱口。

头发每天至少要梳两次（用自己的梳子）。

您的孩子的小口袋里是否总是有干净的手绢？他自己会不会发现他的穿戴不整齐，如鞋带开了，扣子开了，能不能马上系上鞋带和扣上扣子？他进房间的时候是否净鞋了？

“习惯成自然”[1]

叶圣陶

“习惯成自然”，这句老话很有意思。

我们走路，为什么总是一脚往前，一脚在后，相互交替，两条胳臂跟着动荡，保持身体的均衡，不会跌倒在地上？我们说话，为什么总是依照心里的意思，先一句，后一句，一直连贯下去，把要说的都说明白了？

因为我们从小习惯了走路，习惯了说话，而且“成自然”了。什么叫做“成自然”？就是不必故意费什么心，仿佛本来就是那样的意思。

走路和说话是我们最需用的两种基本能力。推广开来，无论哪一种能力，要达到了习惯成自然的地步，才算我们有了那种能力。不达到习惯成自然的地步，勉勉强强的做一做，那就算不得我们有了那种能力。如果连勉勉强强做一做也不干，当然更说不上我们有了那种能力了。

听人家说对于样样事物要仔细观察，才能懂得明白，心里相信这个话很有道理。这当儿，我们还不是已经有了观察的能力。

听人家说劳动是人人应做的事，一切的生活资料，一切的文明文化，都从劳动产生出来的，心里相信这个话很有道理。这当儿，我们还不是已经有了劳动的能力。

听人家说读书是充实自己的一个重要法门，书本里包含着古人今人的经验，读书就是向许多古人今人学习，心里相信这个话很有道理。这

---

① 选自《叶圣陶教育文集》，叶圣陶著，人民教育出版社，1994 年 8 月第 1 版。

当儿，我们还不是已经有了读书的能力。

听人家说人必须做个好公民，现在是民主的时代，个个公民尽责守分，才能有个好秩序，成个好局面，自己幸福，大家幸福，心里相信这个话很有道理。这当儿，我们还不是已经有了做好公民的能力。

这样说下去是说不完的，就此打住，不再举例。

要有观察的能力，必须真个用心去观察。要有劳动的能力，必须真个动手去劳动。要有读书的能力，必须真个把书本打开，认认真真去读。要有做好公民的能力，必须真个把公民应做的一切事认认真真去做。在相信人家的话很有道理的时候，只是个“知”罢了，“知”比“不知”似乎好些，但仅仅是“知”，实际上与“不知”并无两样。到了真个去观察去劳动……的时候，“知”才渐渐化为我们的习惯，习惯成自然，才是我们的能力。

通常说某人能力不强，就是某人没有养成多少习惯的意思。譬如说张三记忆力不强，就是张三没有把看见的听见的一些事物好好记住的习惯。譬如说李四发表力不强，就是李四没有把自己的思想和感情说出来写出来的习惯。

习惯养成得越多，那个人的能力越强。我们做人做事，需要种种的能力，所以最要紧的是养成种种的习惯。

养成习惯，换个说法，就是教育。教育不限于学校，也不限于读书，学校教育只是教育的一部分，读书这件事也只是教育的一部分。我们在学校里受教育，目的在养成习惯，增强能力。我们离开了学校，仍然要从种种方面受教育，并且要自我教育，目的还是在养成习惯，增强能力。习惯越自然越好，能力越增强越好，孔子一生“学而不厌”，就为他看透了这个道理。

小步子，大目标[1]

——连锁塑造

刘儒德

有一对恩爱的夫妻，丈夫从不愿意做家务事，每天下班后，妻子还要拖着疲惫的身体做饭，她非常苦恼。但是有一天，她受到了启发，用一个聪明的办法彻底改变了她的丈夫。一天，上班前她把米洗好，放进电饭煲里，一切准备就绪，只要插上电源就行了。下班后，她故意晚回家一会儿，打电话对丈夫说："我现在不能回家，你只需要插上电源，我们就能及时吃到晚餐了。"丈夫觉得这很简单，就爽快地答应了。妻子回家后热烈地拥抱丈夫，夸奖他说，我们能及时吃上这晚餐，全都是因为你的这一伟大举动——插电源。这样过了一段时间，妻子把米洗好，但是不放进电饭煲，要求丈夫把米放进电饭煲后插上电源。丈夫觉得这并不比以前麻烦太多，于是回家后还是好好地把饭煮上。慢慢地，妻子留下的工作越来越多，而且妻子每次都会因为丈夫的小小的进步而给予一番夸奖。于是，丈夫在不知不觉中改变了自己的行为，同时也潜移默化地改变了自己对做家务的态度，每天回家做饭就成了他的一种习惯。

① 选自《教育中的心理效应》，刘儒德等著，华东师范大学出版社，2006年。

一、连锁塑造

我们曾经惊叹于马戏团动物的表演：海豚能够跃出水面穿越高高的火圈，猴子能够做一些简单的计算题……马戏团的动物为何这么聪明？其实，我们自己家的小动物也一样聪明。如果你有一只鸽子的话，按照我说的方法去做，你的鸽子就会学会啄彩色的圆盘，而不啄其他地方。不信？我们就来试一试吧！

准备一只斯金纳箱（这可是著名的心理学家斯金纳发明的箱子哟），在箱内一面箱壁上嵌上一个与箱壁平齐的彩色小塑料圆盘，我们训练的目的，就是让鸽子啄这个彩色圆盘，而不是箱壁上的其他任何地方。训练开始了，此时，只要鸽子在箱子中的任何地方朝盘子这个方向稍微转动一下身体，你就给鸽子喂食。这样，多次以后，你会发现，鸽子朝这个方向转动的频率明显提高。当鸽子经常做出这一行为时，我们就开始提高要求了，只有鸽子转向圆盘这个方向时，才喂它食物吃。等到鸽子经常向圆盘转动时，我们再次提高要求，只有当鸽子啄向圆盘时才给它喂食。这样多次之后，你就会惊奇地发现，鸽子真的学会啄圆盘了！

也许你要问，这是什么神奇的方法啊？其实，上面的鸽子训练就是斯金纳曾经做过的实验，教鸽子啄圆盘的具体操作过程就是连锁塑造的全过程。连锁塑造就是指通过小步骤反馈来达到学习目标，也就说，首先要把目标分成几个小目标，每完成一个小目标就要进行反馈或强化，对于鸽子而言就是喂它食物，最终达到最后的大目标。

虽然连锁塑造的实验是用动物做的，但是很多时候也是适用于人类的。比如在本文开头，那位妻子的聪明智慧就是来源于连锁塑造的启发，这不但逐渐培养了丈夫做家务事的内在动机，而且达到了改变行为的最终目的。

二、连锁塑造的应用

连锁塑造应用于矫正学生行为的比较多。下面就是一个典型的例子：

小涛是小学五年级的学生，每到自习课，他总爱离开座位在教室里走来走去。老师发现小涛在离开座位之前，一般能在座位上待5分钟。老师和小涛面谈了一次，告诉他，如果他能连续5分钟都待在座位上就可以得到一个小奖品，而且时间要从上课开始，每隔5分钟他都有机会获得奖励。一周以后，老师告诉小涛他做得很好，现在要求小涛必须连续坐在座位上10分钟才能得到奖励，但是，这次的奖励要比以前更多。又过了一周后，老师告诉小涛连续坐在座位上15分钟才能得到奖励，而且他会更喜欢这次的奖励。在这个阶段中，小涛表现得很好，在自习的30分钟内，小涛没有擅自离开座位一次。

同理，一些父母可能因为孩子贪玩，不能安静地坐下来写作业而感到苦恼，不妨采用类似的方法。开始时，只让孩子学习10分钟，完成后，允许他做15分钟他喜欢的事情作为奖励。经过一段时间，他已经能够坚持10分钟学习之后，就要求他连续学习15分钟，如能达到，就让他自由活动10分钟或者给予其他奖励。这样逐步要求，使他不断增加认真学习的时间，逐步使他能够坚持较长时间认真学习。

老师也可以用连锁塑造锻炼学生的胆量。如果一位同学害怕在全班同学面前讲话，可先让这位学生在小组同学面前坐着读一个报告，同时表扬他。当他不再害怕坐着读时，就要求他站着读。然后，让他根据笔记内容作一个报告。最后，让他到讲台前给全班同学作报告。这个过程中，教师和学生对他的宽容和鼓励可能是最好的强化物。

连锁塑造还有另一种应用形式，就是“倒序”教一些复杂的程序。年轻的父母们在教孩子穿衣服时，就可以应用这种方法。首先，父母把穿衣行为分解为6个动作：穿内裤——穿内衣——穿袜子——穿裤子——穿衬衫——穿鞋。先由父母帮孩子完成前5个动作，最后一个动作让孩子自己完成，等孩子能独自熟练地完成后，父母就再多留一个动作让孩子完成。这样循序渐进，孩子轻轻松松就可以独自穿衣了。当然这个过程中，家长不要忘了强化、鼓励孩子。

连锁塑造不仅可以用来学习新的行为，也可以用于消除已有的行为。一个小女孩总是爱哭，并且一哭起来总是没完没了，家人拿她也没

办法。有一天，妈妈对她说："下次你如果只哭20分钟就自己停下来，我会给你一个小奖励。"果真，当女孩下次哭泣的时候，就努力控制自己不超过20分钟。一段时间后，妈妈又说："下次只有当你哭15分钟就自己停下来的时候，我才会奖励你。"逐渐地，妈妈不断地减少她哭泣的时间，小女孩也慢慢地学会了控制自己。

连锁塑造对于教学也有一定的启示。"跳一跳，摘果子"表达了教学中的最近发展区思想，连锁塑造为学生学习复杂的、较难的知识提供了实现"跳一跳，摘果子"的方法，那就是分解学习目标，通过设计小的步骤，让学生"跳一跳"后就能摘到"小果子"，"小果子"积累多了，就实现了大的目标。

有些人可能认为，我们人类的学习能力那么高，不需要连锁塑造就能掌握很多新行为、新知识。然而，一个人的习惯行为是在长期的生活中逐渐形成的，因此，不良的习惯行为不会一下子就消除；健康的行为也不可能一蹴而就。所以，在教育中，教师和家长一定要有对孩子进行长期连锁塑造的观念，有意识地一步步培养与巩固孩子的行为习惯。

别为孩子“擦屁股”①

〔美〕刘　墉

长期观察下来，我发现小时候总由大人帮忙收摊、“擦屁股”的，很可能成人之后，还是不敢面对问题。说得更直接一点，他们会逃避责任。

这里有个真实的笑话。我在纽约的中国朋友，都会教孩子中文。可是很多孩子上中学之后，功课忙，中文就荒废了。尤其家里有兄弟姊妹的，彼此都讲英语，逼得父母不得不跟孩子说英语，更造成下一代的普通话愈来愈不灵光。

有一天，许多华裔的孩子到一个中国新移民的家里玩，那家的妈妈一边热情地招待这批小朋友，一边对自己女儿说：“你把东西摊一地，客人走了之后自己收，别等我为你‘擦屁股’。”

没想到隔天在学校就传开了，说那刚来的中国孩子，居然上初中了，还要妈妈“擦屁股”。原来这群半中半西的孩子，对普通话不够灵光，真以为那个妈妈要为自己女儿擦屁股。

我女儿回来跟我说这事，我一笑说，可不是吗！今天何止不少初中孩子要大人帮忙“擦屁股”，连高中大学都可能。我这话绝不夸张，不信各位想想，父母要儿子帮忙拖地，就算宝贝儿子乖乖做了，是不是可能拖完，家具不扶正，拖把和水桶也往那儿一搁，不管了？今天你教女

① 选自《世说心语》，〔美〕刘墉著，接力出版社，2008年11月。

儿烧饭，就算她乖乖下厨了，是不是可能炒完，把锅、铲一扔，下面清理的事不管了？还有，很妙哟！你注意冰箱里的牛奶，是不是大大一盒，可能喝得只剩下一口，却没扔进垃圾桶，还被放回了冰箱？

如果这是你儿子女儿做的，他们是没长大，还要你“擦屁股”，为他们收拾善后；如果居然是你先生做的，那么，抱歉！我要说，他可能也还要太太“擦屁股”。而这做事不做完，弄一半就撂爪不管的个性，可能是他从小养成的。

没错！从小养成的！如果你不从孩子小时候就教他，自己摊在地上的玩具自己收、自己弄乱的桌子自己整，他很可能到大了，变成自己做的事，自己不负责。总是有头无尾，要别人帮忙善后。也可以说，他可以造成“因”，却不面对那个“果”。因为从小所有的事情，他只要做一半，剩下的自然有大人帮忙解决。只是，当一个人总是不面对“结果”，会造成他不敢面对“摊牌的那一刻”。甚至有些孩子，聪明极了，成绩也很好，但是到了最重要的考试之前，突然变得很怯懦，怯懦得想当逃兵。

请别以为我在说鸡毛蒜皮的事。因为长期观察下来，我发现小时候总由大人帮忙收摊、“擦屁股”的，很可能成人之后，还是不敢面对问题。说得更直接一点，他们会逃避责任。

我看台湾的一个电视节目，主持人陶子问几位老板，建议社会新鲜人哪些事。有位老板建议：“如果你去打工，干一段时间，不想做了，最好自己去请辞、自己跟主管说，而不要请妈妈来处理。”

天哪！如果在西方社会，听到这类事，真可能会笑死。但是恕我直言，中国家长确实常常照顾孩子照顾得太过分了。在台湾地区也有这样一个笑话，某政府单位发“退役”证明，因为事先早早印好证明书，造成新“退役”的人却拿到旧老板署名的证明。当有人质询这件事的时候，那单位说：如果那些年轻人的家长有意见，我们可以重发。

我当时听到，也差点笑弯腰。怎会有这种事？孩子已经二十多岁了，“退役”证明还要家长出面？

曾经有个美国朋友的女儿，在大学功课不好，被她妈妈送到长江游轮上打工。那妈妈有一天收到女儿学校寄来的退学信件，才知道女儿非但功课不好，而且被勒令退学了。

相信一定有中国家长会想，那妈妈怎会这么糊涂，直到孩子“死当”，被勒令退学才知道，难道平常不看成绩单吗？要知道，在美国，孩子过了 18 岁，很多学校是不告诉父母孩子成绩的。因为那是孩子的隐私，同学彼此不知道成绩，家长也没资格要孩子的成绩单，就算家长付学费，也一样！

我太太以前做美国大学入学部主任，就说常常有家长来打听自己小孩的成绩，他们的答案一律是：“你孩子成年了，除非他同意，否则无可奉告!”

教育，要造就能顶天立地的人，问题是，很多溺爱的教育，把孩子教得确实“顶了天”，却不能“立于地”。结果眼高手低，真正碰到问题，不敢面对。应该立刻动手做的事，却犹豫再三，好像等着爸爸妈妈出面。

教育，更要造就自己对自己负责，也对社会负责的人，所以如果您的孩子还小，当他把玩具摊一地时，你可以帮着他一起收拾，大一点，则叫他自己收拾。甚至他不好好收，就把玩具没收一段时间，甚至送给别人，用这一点来教他对自己负责、对家庭负责。

等孩子再大一些，你更要让他自己负责。如果您看过我写的《肯定自己》，可能读过一篇《你自己决定吧!》，那篇东西居然被收进台湾的中学生课本。我相信不是因为我文笔太好，而是因为我里面写搬家的时候，儿子看我在装箱，过来借胶带，我说：“对不起，我自己已经不够用，你要用请自己去买。”大概编课本的人觉得我这个爸爸很酷、很另类，所以选进去。

我另类吗？我是冷血的父亲吗？错了！我时时刻刻关心孩子，正因此，我要他自己负责，自己决定，而且不帮他“擦屁股”!

敬告作者

《大师讲坛系列》旨在为从教者或家长提供一个能够提升教育思想和教育能力的平台。选收的文章为古今中外大师们关于各种教育主题的经典论述。由于作者面广，选编者们经过多方努力，还是与一部分作者（译者）无法取得联系，敬请作者（译者）或著作权享有人予以谅解。

敬请作者（译者）或著作权享有人与我们联系，以便寄奉样书或支付稿酬。

联系人：任小姐

电话（传真）：010—68403097

西南师范大学出版社
《名师工程》系列丛书目录

<table>
<tr><th>系列</th><th>序号</th><th>书　　名</th><th>主编</th><th>定价</th></tr>
<tr><td rowspan="6">名师讲述系列</td><td>1</td><td>《施教先施爱
——名师讲述班主任的核心教导力》</td><td>杨连山
魏永田</td><td>30.00</td></tr>
<tr><td>2</td><td>《在欢乐中成长
——名师讲述最具活力的课堂愉快教学》</td><td>王斌兴</td><td>30.00</td></tr>
<tr><td>3</td><td>《用情境抓住学生的眼球
——名师讲述最能营造氛围的情境设计》</td><td>施建平</td><td>30.00</td></tr>
<tr><td>4</td><td>《让学生做自己的老师
——名师讲述如何提升学生自主学习能力》</td><td>徐学福
房　慧</td><td>30.00</td></tr>
<tr><td>5</td><td>《引领学生高效学习
——名师讲述如何提高学生课堂学习效率》</td><td>刘世斌</td><td>30.00</td></tr>
<tr><td>6</td><td>《教育从心灵开始
——名师讲述最能感动学生的心灵教育》</td><td>张文质</td><td>30.00</td></tr>
<tr><td rowspan="6">教学提升系列</td><td>7</td><td>《方法总比问题多——名师转变棘手学生的施教艺术》</td><td>杨志军</td><td>30.00</td></tr>
<tr><td>8</td><td>《用特色吸引学生——名师最受欢迎的特色教学艺术》</td><td>卞金祥</td><td>30.00</td></tr>
<tr><td>9</td><td>《让学生爱上课堂——名师高效课堂的引导艺术》</td><td>邓　涛</td><td>30.00</td></tr>
<tr><td>10</td><td>《拿什么打开思路——名师最吸引学生的课堂切入点》</td><td>马友文</td><td>30.00</td></tr>
<tr><td>11</td><td>《没有记不牢的知识
——名师最能提升学生记忆效果的秘诀》</td><td>谢定兰</td><td>30.00</td></tr>
<tr><td>12</td><td>《让学生的思维活起来
——名师最激发潜能的课堂提问艺术》</td><td>严永金</td><td>30.00</td></tr>
<tr><td rowspan="6">教学新突破系列</td><td>13</td><td>《把教学目标落实到位——名师优质课堂的效率管理》</td><td>冯增俊</td><td>30.00</td></tr>
<tr><td>14</td><td>《拿什么调动学生——名师生态课堂的情绪管理》</td><td>胡　涛</td><td>30.00</td></tr>
<tr><td>15</td><td>《零距离施教——名师和谐师生关系的构建艺术》</td><td>贺　斌</td><td>30.00</td></tr>
<tr><td>16</td><td>《一个都不能落——名师提升学困生的针对教学》</td><td>侯一波</td><td>30.00</td></tr>
<tr><td>17</td><td>《让学习变得更轻松
——名师最能吸引学生的情境设计》</td><td>施建平</td><td>30.00</td></tr>
<tr><td>18</td><td>《让知识变得更易学
——名师改造难学知识的优化艺术》</td><td>周维强</td><td>30.00</td></tr>
</table>

系列	序号	书　　名	主编	定价
通用识书	19	《好心态成就好学生——学生心理问题剖析与对症教育》	李韦遴	30.00
	20	《教育，诗意地栖居》	朱华忠	30.00
	21	《好班规打造好班级》	赵　凯	30.00
高中新课程系列	22	《高中新课程：教师角色转变细节》	缪水娟	30.00
	23	《高中新课程：班主任新兵法细节》	李国汉 杨连山	30.00
	24	《高中新课程：教学管理创新细节》	陈　文	30.00
	25	《高中新课程：更有效的评价细节》	李淑华	30.00
教师成长系列	26	《学学名师那些事》	孙志毅	30.00
	27	《每天学点教育心理学》	石国兴 白晋荣	30.00
	28	《给新教师的建议》	李镇西	30.00
	29	《教师心灵读本：成为有思想的教师》	肖　川	30.00
	30	《教师心灵读本：教师，做反思的实践者》	肖　川	30.00
大师讲坛系列	31	《大师谈教育心理》	肖　川	30.00
	32	《大师谈教育激励》	肖　川	30.00
	33	《大师谈教育沟通》	王斌兴 吴杰明	30.00
	34	《大师谈启蒙教育》	周　宏	30.00
	35	《大师谈教育管理》	樊　雁	30.00
	36	《大师谈儿童人格塑造》	齐　欣	30.00
	37	《大师谈儿童习惯培养》	唐西胜	30.00
	38	《大师谈儿童能力培养》	张启福	30.00
	39	《大师谈早恋与性教育》	闵乐夫	30.00
	40	《大师谈儿童情感教育》	张光林 张　静	30.00